U0145048

中國大陸
國防科技工業的蛻變與發展

中國大陸
國防科技工業的蛻變與發展

董慧明／著

五南圖書出版公司 印行

自序

近年來，中國大陸的綜合國力發展、軍事武裝力量體制變革，屢屢引起各方關注，雖然有其令人驚豔之處，卻也能從中發現其限制和不足。虛實之間，正是投入這個領域研究的興趣所在。中國大陸國防科技工業的發展歷程亦是如此。從建政初期以土法煉鋼方式建立基礎，到後來獲得俄羅斯等國的技術支援，再至追求獨立自主的國防科技發展能力，這段蛻變正好可以對應至中國人民解放軍的轉型歷程，同時也在國家經濟實力增長背後扮演著不可或缺的關鍵功能。無論是富國強軍還是強軍富國，利用國防科技之力已成爲中共實現「中國夢」和「強軍夢」的有效良方，而健全其產業體制、發揮功能更是可從深度發展「軍民融合」戰略看見中共對於下個階段的國家經濟和國防事務改革企圖心。

本書是一本涵蓋中國大陸政治、經濟、軍事領域的研究著作，認爲以國防科技工業爲基底所產生的影響力和支撐力，可對當前中共積極推動的深化國防和軍隊改革，以及戰略性新興產業發展提供強勁的動能。爲了能夠深入瞭解這項產業對中國大陸國家發展和安全戰略之重要意義，本書的第一章大量檢閱和研究議題相關的文獻資料，並且針對議題研究背景、概念界定、研究途徑與方法加以說明。自第二章開始，採用歷史制度研究途徑中「路徑依賴」觀點，將中國大陸國防科技工業蛻變歷程置於歷史發展軸線，分別舉出美國、俄羅斯等傳統軍事工業大國發展經驗產生的實質影響和借鏡效應，以及中共提出以國家主導、需求引導、市場運作爲主軸之發展策略，說明這段「做中學、學中做」的發展歷程。

本書從第三章開始，進入研究重點領域，深入探討各時期在「三線建設」、「軍民結合」，以及「軍民融合」國防科技工業發展戰略之重要意涵。在第四章和第五章，則是分別以「強軍」和「興國」爲核心，釐清國防科技工業對當前中國人民解放軍在陸軍、海軍、空軍、火箭軍、戰略支援部隊、聯勤保障部隊之軍隊建設方面助益，以及在推動包括「中國製造2025」在內之國家戰略性新興產業發展，增益新一代信息技術、新能源、高端裝備製造、新材料等項目方面之溢出效應。此外，也分別指出各自的發展機會與限制，進而在第六章、第七章，具體提出國防科技工業在未來發展中包括政策規範、軍工企（事）業單位重組、資源合理分配等方面所面臨的挑戰，以及中共的因應對策。自安全、經濟、防務三大面向檢視中國大陸國防科技工業發展的效應，可以歸結出中共試圖建立一套具有中國特色的國防科技工業發展策略，以滿足國防建設需求和填補經濟內需轉型之效益。

透過本書，可以一窺中國大陸國防科技工業的蛻變歷程、體制運作和未來發展取向。本書能夠順利出版，除了必須感謝五南文化的大力協助，過去在學術研究領域予以指導、建議和提供個人許多寶貴研究和出版經驗之先進，在此一併致上謝忱。當然，在撰書過程中一直默默支持我的家人，更是我堅持寫作的動力，你們功不可沒。本書希望在過去學術前輩建立的基礎上，再啓以國防科技工業解析中國大陸國家和國防事務發展的可行視角，並且以客觀、謹慎的態度繼續深究中國大陸問題。

董慧明

2019年3月

於北投・復興崗

目錄

表目錄

圖目錄

第一章　導論

國防實力的內在動能——國防科技工業

國防科技工業（National Defense Science and Technology Industry, NDSTI）攸關國家安全和國力發展，廣受世界各國重視，中國大陸也不例外。重視國防科技工業，不僅能夠爲國家提供堅實的安全後盾，同時也能促進國家經濟發展，因此，它是國家國防現代化的內在動能，是武器裝備自主研製的支撐力量，也是國家經濟產業發展結構體系中的戰略性產業，是民用科技創新、設備儀器精良的基石。從戰略意義與價值而論，絕對是一項值得關注、投入的關鍵產業項目。

檢視中國大陸國防科技工業發展已逾六十年，自建政初期至「中國興起」後的成熟轉型，這項產業不僅撐持著中國人民解放軍（以下簡稱：解放軍）現代化軍力革新，在國家經濟改革轉型過程中，十一大國有軍工企業營運模式的變革、整併更是國家戰略性產業結構調整、升級不可忽視的關鍵力量。因此，國防科技工業成爲中國共產黨（以下簡稱：中共）實現富國強軍目標的良方，在世界軍事事務革新（Revolution in Military Affairs, RMA）趨勢下，必須適應「具有中國特色的新軍事變革」[1]需要，發展信息化、[2]機械化的武器裝備，科技強軍、質量建軍，並且融入國家市場經濟發展體制與機制，改造軍工企業體質，增進市場競爭力，並且採取軍民融合（civil-military integration）策略，促進區域經濟發展。儘管在

1　是指1990年代以來，中國大陸軍事領域發生一系列深化變革的總稱，主要受到世界軍事事務革新影響所產生，涉及範圍包括：軍事技術、武器裝備、軍隊組織體制、軍事理論、作戰樣式等軍事領域各個重要方面，具有方向性、根本性、整體性、全面性和系統性的特點。見侯光明編，《國防科技工業軍民融合發展研究》（北京市：科學出版社，2009），頁368。

2　「信息化」在臺灣亦稱爲「資訊化」，英文翻譯爲informatization或informatisation，用詞雖不同，惟指涉內容相同。本研究以中國大陸爲主體，其政府相關部門、解放軍和法規文件等皆採用「信息化」用法，爲使語意一致，本書亦統稱爲「信息化」。

發展與變革的歷程中，中國大陸國防科技工業仍有其必須解決與克服的難題，惟從結果而論，吾人也確實見識解放軍軍力的大幅提升，以及中國大陸經濟實力的高速增長。

汲人之長並知其短，進而做到補己之短並惜其長，是本書從客觀面向研究中國大陸國防科技工業發展問題的動念。這項重要的議題與國防事務安全相關，也和國家經濟產業發展相聯，藉採用新制度主義（Neoinstitutionalism）中的歷史制度研究途徑「路徑依賴」（path dependent）觀點，以及彙研國內、中國大陸與國際之間針對國防科技產業相關議題之文獻資料，進行比較、歸納分析，可對中國大陸國防科技工業的蛻變歷程，以及實現「富國強軍」目標之策略、變數、效益建立全盤性認識。

第一節　問題觀察與提出

2012年11月，對於以黨領政、以黨領軍的中共而言是重要且關鍵的一年。在國際矚目下，習近平正式繼承胡錦濤領導下的中共政權，成爲第五代領導人。自他主政迄今，以「中國夢」、「強軍夢」建構之富國強軍理念不僅具體反映在施政特色上，[3]更是要能確保在2020年、2049年實現「兩個一百年」[4]目標。不再「韜光養晦」而是力求「有所作爲」（get somethings done）的中國大陸擺出再起之姿，其一舉一動動見觀瞻，各國莫不關切其國力、軍力變化產生之效應。習近平的「中國夢」論述基本內涵包括實現國家富強、民族復興以及人民幸福。其中，要實現國家富強，

3　畢京京、張彬編，《中國特色社會主義發展戰略研究》（北京市：國防大學出版社，2015），頁322。

4　1997年9月，中國共產黨十五大首次提出「兩個一百年」奮鬥目標，是指到建黨一百年時，使國民經濟更加發展，各項制度更加完善；到世紀中葉建國一百年時，基本實現現代化，建成富強民主文明的社會主義國家。此後在十六大、十七大報告中皆重申此奮鬥目標。2012年，中國共產黨十八大也提到「兩個一百年」奮鬥目標，內容改爲：中國共產黨建黨一百年時全面建成小康社會，到新中國成立一百年時，建成富強民主文明和諧的社會主義現代化國家。見全國幹部培訓教材編審指導委員會組織編，《堅持和發展中國特色社會主義》（北京市：黨建讀物出版社，2015），頁84。

必須要有強盛的經濟實力、強大的國防力量，以及高端的科技發展。國務院總理李克強在2017年政府工作報告中亦表示：「促進經濟建設和國防建設協調、平衡、兼容發展，深化國防科技工業體制改革，推動軍民融合深度發展」。[5]

兵不強則不可以摧敵，國不富則不可以養兵。[6]中共將富國與強軍視爲車之兩輪、鳥之雙翼，是達成國防現代化與實現小康社會社會主義初級階段目標之重要基石。[7]習近平延續中共各時期領導人之富國強軍要求，[8]從內部因素而論，諸多跡象顯示他正積極地以強軍策略與國家富強目標連結，做爲實現中國夢最有力之憑藉。因此，積極發展軍力、激發高昂的戰鬥力成爲中共以黨領軍之必要作爲。從解放軍軍事發展實際需求而論，追求國防和軍隊現代化建設是明確的戰略目標。其次，中共當前正面臨傳統安全威脅和非傳統安全威脅交織複雜的難題，必須依賴能夠適應新形勢的軍事能力作爲安全後盾。基於這些因素，解放軍必須堅持以創新發展軍事理論爲先導，著力提高國防科技工業自主創新能力，全面加強新型軍事人才隊伍建設，構建中國特色現代化軍事力量體系。[9]

本研究的目的即在探討中共追求富國強軍目標的核心動力——國防科技工業發展，其中包括：兵器、航空、航天、船舶、核工業以及軍工電子六大領域，[10]其研發與產製的範疇包括解放軍各軍、兵種現用武器、武器系統以及與其相關配套之各式軍事技術裝備等軍品，以及支應社會經濟發展之民用技術產品。自中共1949年建政以及歷經改革開放四十年發展，國

5 〈兩會受權發布：政府工作報告〉，《新華網》，2017年3月16日，http://news.xinhuanet.com/politics/2017lh/2017-03/16/c_1120638890_2.htm（瀏覽日期：2017年5月1日）。

6 李升泉、李志輝編，《說說國防和軍隊改革新趨勢》（北京市：長征出版社，2015），頁217。

7 王進發，《富國和強軍新方略》（北京市：國防大學出版社，2008），頁1。

8 例如：毛澤東領導制定了建設優良的現代化、革命化軍隊的總方針；鄧小平提出了建設一支強大的現代化、正規化革命軍隊的總目標；江澤民提出了政治合格、軍事過硬、作風優良、紀律嚴明、保障有力的總要求；胡錦濤提出了按革命化、現代化、正規化相統一的原則加強軍隊全面建設的思想；習近平提出建設一支聽黨指揮、能打勝仗、作風優良的人民軍隊強軍目標。見李月來、程建軍編，《黨在新形勢下的強軍目標學習讀本》（瀋陽：白山出版社，2013），頁1。

9 王瑋敦編，《解析強軍夢：強軍目標十五講》（濟南：黃河出版社，2014），頁18。

10 張弛編，《國防科技工業概論》（西安：西北大學出版社，2007），頁6。

防科技工業不僅提供解放軍源源不絕的常規武器裝備，[11]據相關研析報告亦指出，中共每年大幅增加軍費以及軍地、軍民等國內各界軍工集團、上市公司、優勢民企、金融機構之資金投入，令當前中共製造的部分國防科技裝備已能媲美俄羅斯與西方歐美工業大國製造之裝備。[12]中國大陸國防科技工業發展的目標必須符合國內需求，亦須兼顧國際市場，隨著具有高性能成套裝備持續面世，突顯這項國家戰略性高技術產業的發展前景是在增強國防和軍事實力的同時，也要推進國家經濟發展。[13]中共欲實現軍事效益與經濟效益的雙贏局面，肩負強軍和富國雙重使命。[14]

本研究認爲發展國防科技工業是中共選擇的方案之一，且已成爲政策推展重大項目。這項重要的產業不僅攸關中共現代化軍力建設，亦具有促進中國大陸國家戰略性新興產業發展之作用。中共的設想是「一份投入，兩份產出」，進而提出軍轉民、民參軍之軍民融合發展模式，且將其定位爲「十三五規劃」國家發展戰略，對未來中共現代化軍力建設和中國大陸國力發展具有關鍵影響。就現況而論，強調軍民融合發展是中國大陸國防科技工業採取的實際作法，無論在產官學研各界亦積極投入相關研究。[15]然而，無論是「軍轉民」或是「民參軍」，中共仍然有其必須克服的挑戰與難題，這是本研究亟欲探討的議題。因此，本研究冀能在眾多關注中共軍事戰略、意圖與實力發展之研究中，從國防科技工業視角提出另一個探研中共現代化軍力建設之研究取向。其中以安全、經濟、防務爲三大思考面向，合理解釋中國大陸國防科技工業發展現況、策略、效應以及影響因素。藉由檢閱官方、軍方和學術研究大量文獻，希冀達到以下研究目的：

第一，釐清安全、經濟、防務三者之間與中國大陸國防科技工業發展

11 謝光編，《當代中國的國防科技事業》（北京市：當代中國出版社，1995），頁63。

12 Rocco M. Paone, *Evolving New World Order/disorder: China-Russia-United States-NATO* (New York: University Press of America, 2001), p. 130.

13 黃朝峰，《戰略性新興產業軍民融合式發展研究》（北京市：國防工業出版社，2014），頁1。

14 《習近平中國夢重要論述學習問答》編寫組編著，《習近平中國夢重要論述學習問答》（北京市：黨建讀物出版社，2014），頁13。

15 李靈編，《關注全面深化改革熱點：專家學者十二人談》（北京市：中共黨史出版社，2014），頁270-275。

之相互作用關係。

第二，瞭解中國大陸國防科技工業六大領域之實際發展。

第三，析察包括技術水準、經濟發展、國際市場等改變或遲滯中國大陸國防科技工業發展之變數因素。

第四，評估中共發展國防科技工業、強化軍力、活化經濟產生之效應。

第二節　國防科技工業重要概念

概念界定在任何科學研究領域中不僅重要，而且必要，它能夠爲後續研究可能出現的複雜問題做出明確的定義，以利發現事實與眞相。中國大陸國防科技工業是一項含括國防建設與經濟建設的重點產業，既與國家的防務規劃建設相關，亦與滿足國家安全需求相連，更與支持國家經濟利益相繫。其內涵就如同《軍民融合式武器裝備科研生產體系構建與優化》書中所提到：「國無防不立，維護國家安全，保障經濟建設正常運行，必須相應地發展國防力量；發展國防力量，金錢投入鑄造利劍，又可能影響到經濟建設」。[16]基此，釐清與國防科技工業議題相關的經濟、產業，以及武器裝備科研生產方面的相關概念，掌握其在相關議題事物與分類上定位，對於深入研究、解決問題自有其重要意義。

壹、國防經濟相關概念

一、國民經濟（national economy）

是指包括國民經濟各部門、社會再生產各環節，以及各地區等子系統交錯組成的三構面結構系統。首先，從部門組成面向而論，包括農業、工業、商業、服務業、建築業、交通運輸業等物質生產部門，亦包括文化教

16 肖振華、呂彬、李曉松，《軍民融合式武器裝備科研生產體系構建與優化》（北京市：國防工業出版社，2014），頁5。

育、科學研究、醫療衛生、金融服務業等非物質生產部門。其次，從社會再生產面向觀察，則包括國家生產、流通、分配、積累、消費各個環節總和。第三，從生產空間面向分析，主要包括中國大陸省、市、縣、鄉各層級之經濟活動，且彼此相互聯繫與制約。[17]

二、國防經濟（national defense economy）

主要是指國家以因應國防、戰爭爲目的、保障國防需要而從事之物質生產，以及與此相適應之生產關係的總和，[18]其內涵包括與國防經濟部門相關之體系運作機制和生產活動經濟關係。在中國大陸，國防經濟部門區分國防科技工業部門、軍隊後勤與裝備部門兩大主體，前者相關部門主責軍品研究與生產；後者則以軍品管理與銷售爲特色。兩大體系在社會主義市場經濟制度下從事國內外軍品生產、分配、消費、交易等經濟活動行爲，成爲在國民經濟關係中之重要環節。

貳、國家產業相關概念

一、工業（industry）

屬於中國大陸國民經濟第二產業，包括從事自然資源開採，以及對採掘品、農產品進行加工、再加工的社會物質生產部門，並且以採礦業、製造業、電力、燃氣、水的生產和供應業爲主。[19]

二、國家工業（national industry）

是指一個國家基於國家環境條件以及發展戰略布局，規模化產業原料、技術、人力等各種資源生產工作與程序之總和。除了前述將工業區分

17 劉鳳全、白煜章，《市場經濟簡明辭典》（北京市：經濟管理出版社，1999），頁558-559。
18 秦紅燕、胡亮，《中國國防經濟可持續發展研究》（北京市：國防工業出版社，2015），頁8。
19 中國石油與化學工業協會編，《化學工業生產統計指標計算方法》（北京市：化學工業出版社，2008），頁1。

三種產業類別，分別發展出不同的工業基礎，尚可以功能屬性區分國防工業與民用工業，並且按照行爲主體劃分同一主體、不同主體，以及多主體交叉重疊等三種運作模式。另從資金來源界定，國家工業包括了國有性質、國家控股性質、私營性質，以及外資性質等多樣形式之工業企業。結合現況，當前中國大陸的國家發展戰略正著重探索工業建設過程中工業與信息化之融合發展，以及國防與民用工業融合發展模式。

三、民用工業（civil industry）

由中國大陸政府統籌規劃，以能滿足人民物質與日常生活需求，運用各種行爲主體對原料進行有目的之生產、加工、製造之產業，是確保國家經濟發展的重要基礎。

四、國防科技工業

亦被簡稱爲國防工業（national defense industry），是指依賴國防開支生存並發展，從而使國家可以獨立自主根據國家安全需要和國民經濟發展需要生產高技術裝備之產業部門和產業集群（industrial cluster）。[20]主要用於軍隊軍武裝備、器材、用品，以及因應防務用途產業生產特殊原料之工業類別，項目涵蓋核工業、兵器、艦船、航空、航天、電子和軍需等工業，不僅是國防經濟發展主體，亦攸關解放軍軍力現代化程度。

參、國防科技工業相關概念

一、軍民結合

強調解放軍軍方與地方、軍人與民眾之間彼此緊密聯繫，利用軍工企（事）業單位，共同從事軍品、民品開發生產工作，尤其鼓勵軍用技術轉移成爲民用技術之「軍轉民」形式。

20 李東編，《國防工業經濟學》（哈爾濱：哈爾濱工程大學出版社，2012），頁1。

二、寓軍於民

主要是指將國防科技研發、生產工作融入與植基於國民經濟體系，並且依託國民經濟發展，帶動國防與經濟建設。在中國大陸，「寓軍於民」於平時的特點強調將軍用技術與部分軍品生產資源轉用於民用產品與技術開發，形成軍民結合研發格局；另一方面，爲能實現科技強軍目標，軍品科研生產製造亦須引進民用工業先進技術。因此，寓軍於民除了軍轉民的特色外，又有民轉軍的意涵。

三、軍民融合

是指將「軍民結合」、「寓軍於民」經驗進行全系統、全要素、全過程之經驗提升。軍民融合的內涵包括：第一，擴大軍民結合範疇，亦即由國防科技工業領域擴展至國防建設各個領域；第二，提高軍民結合層次，亦即由軍地協調提升至國家發展戰略層次；第三，深化軍民結合程度，亦即將國防科技工業之軍用、民用部分深化融爲一體，使其科研生產工作能夠在共同的商業運作程序中開展運作。目前在中國大陸，軍民融合的重點包括發展軍民兩用技術（dual-use technology）、軍事技術轉民用（spin-off）、民用技術轉軍用（spin-on）之技術轉移、國防部門在商業市場上取得產品、技術與服務之商品現貨（commercial off-the-shelf）策略、在採購過程、部門合作、產業鏈層次分工，以及科研生產環節方面推進軍民融合。[21]

第三節　資料獲取與相關議題研究

中國大陸國防科技工業研究領域包括自然科學與社會科學。[22]其中，自然科學領域的研究成果是以國防科技產品、項目之研發、產製等基礎定

21 阮汝祥，《中國特色軍民融合理論與實踐》（北京市：中國宇航出版社，2009），頁10-11。
22 U.S. Foreign Broadcast Information Service, *Daily Report: People's Republic of China, Issues 238-244* (Springfield, VA.: National Technical Information Service, 1991), p. 33.

理證明（theorem proof）、工程（engineering）和實驗（experiment）爲主；在人文和社會科學領域主要聚焦在政治學、經濟學、管理學學門。其次，國防科技工業之研究基礎大多承襲西方工業國家起源於18世紀末工業革命後，歷經二百多年、四大階段之發展。[23]實際上從比較的角度檢視中國大陸國防科技工業研究現況，也多是以美國、英國、法國、德國、俄羅斯等在兩次世界大戰與冷戰期間崛起的大國爲經驗借鏡的對象，其中又以美國和俄羅斯的影響程度最深。因此，從科技工業發展進程而論，國防科技工業在社會科學領域的研究成果仍然是以歐美國家的研究水準較爲豐富，且對中共構建「中國特色先進國防科技工業體系」[24]具有深遠影響。綜合以上所述，本研究之重要參考文獻來源主要包括臺灣、中國大陸，以及西方歐美國家出版、發布關於國防科技工業研究之中、英文文獻；另在領域方面偏重在政治學學門下有關中國大陸研究、國際關係、安全與戰略領域。本研究並非在探討解放軍各軍、兵種之國防科技武器、裝備之諸元、性能，而是聚焦於中共爲何（why）、如何（how）發展國防科技工業，以及產生哪些（what）影響效應。以下針對本研究議題、領域和屬性提出重要參考文獻評述。

壹、重要參考文獻來源

一、臺灣重要參考文獻

主要以國家安全、國防安全、中國大陸、國際關係相關政策主管或研究領域之政府機關、學研機構、學者爲重點。首先，在政府機關方面，以「政府研究資訊系統」（Government Research Bulletin, GRB）進行關鍵

23 係指國防科技工業誕生的成長階段、兩次世界大戰時期的快速發展階段、冷戰時期的擴張階段，以及冷戰後的轉型階段。其中，後三個階段皆發生在二十世紀，目前仍處於轉型階段中。見世界國防科技工業概覽編委會編，《世界國防科技工業概覽》（北京市：航空工業出版社，2012），頁1。

24 〈全面深化改革，構建中國特色先進國防科工體系〉，《中國政府網》，2014年5月30日，http://big5.gov.cn/gate/big5/www.gov.cn/xinwen/2014-05/30/content_2690777.htm（瀏覽日期：2015年1月2日）。

字檢索可知，國防部於102年度曾進行「中共十二五規劃的先進軍事科技發展現況與未來趨勢」委託研究計畫（計畫系統編號：PG10205-0163；研究人員：王高成、丁樹範、陳文政、王信力、江昱蓁）、96年度曾進行「中共六大技術群——新材料、新能源、生物、海洋、航太、資訊——五年內軍事運用之評估及我因應之道」委託研究計畫（計畫系統編號：PG9607-0213；研究人員：陳勁甫、邱天嵩）；另行政院大陸委員會於84年度亦進行「中國大陸國防工業的『軍轉民』研究」委託研究計畫（計畫系統編號：PG8401-2370；研究人員：丁樹範、丘立崗）。

其次，由行政院科技部（103年改制前爲行政院國家科學委員會）主管之專題研究計畫，自91至107年度計有5篇相關文獻（如表1-1所示）。

表 1-1　「中國大陸國防科技工業」專題研究計畫彙整表

計畫年度	主持人姓名	執行機關	計畫名稱
103至104	丁樹範	國立政治大學國際關係研究中心	轉型亞洲的路向探索：動力、路徑與模態——具有亞洲特色的轉型？中國國防工業改革的動力與路徑
102	丁樹範	國立政治大學國際關係研究中心	從軍民結合到軍民融合：中國國防科技工業的新典範
99	詹秋貴	靜宜大學國際企業學系	中國國防工業發展的動態模式建構
97	丁樹範	國立政治大學國際關係研究中心	創新與中國的國防工業改革
91	丁樹範	國立政治大學國際關係研究中心	全球化趨勢下的中國國防工業

資料來源：筆者參照行政院科技部學術補助獎勵查詢功能彙整。

研究成果之展現除了上列專題研究計畫外，尙有學術或專業期刊之發表，筆者採用國內「CEPS中文電子期刊資料庫」、「HyRead台灣全文資料庫」進行相關議題搜尋，計有28篇期刊論文（如表1-2所示）。

表 1-2　「中國大陸國防科技工業」期刊論文彙整表

作者	篇名	期刊名	卷期	日期
劉佳雄 呂學宗	民間資本進入國防產業效果之研究——以中共為例	海軍學術雙月刊	52卷5期	2018/10
宋蔚泰	共軍運用無人飛行載具遂行「一體化聯合作戰」研析	海軍學術雙月刊	51卷5期	2017/10
張國城	中國航母的發展模式：攻勢現實主義的觀點	遠景季刊	18卷3期	2017/07
Tai Ming Cheung	Continuity and Change in China's Strategic Innovation System	Issues and Studies	51卷2期	2015/06
黃孝怡	中共國防知識產權制度與戰略研析	國防雜誌	30卷1期	2015/01
林士毓	兩岸軍工產業管理法制之比較研究	國防雜誌	27卷4期	2012/07
李勝義 黃雯禧	中共太空衛星科技的發展現況與趨勢探討	國防雜誌	27卷4期	2012/07
林士毓	從法制面研析中共軍工產業的發展與現狀	國防雜誌	26卷6期	2011/12
郭添漢	中共「嫦娥工程」發展的戰略意涵——兼論我國應有的作法	國防雜誌	26卷4期	2011/08
李柏彥 譯 Isaak Zulkarnaen 著	中共國防工業近況	國防譯粹	36卷11期	2009/11
鄭大誠	中共國防工業發展之評估與展望	展望與探索	6卷11期	2008/11
章昌文 譯 Dzirhan Mahadzir 著	中共國防工業改革與挑戰	國防譯粹	35卷1期	2008/01
桑治強	中共航天戰略發展與我國應採之策略	國防雜誌	22卷6期	2007/12
黃俊麟	中共衛星航太科技與反衛星系統發展	國防雜誌	22卷4期	2007/08
應天行	中共「十一・五」期間國防工業規劃重點之研析	中共研究	41卷4期	2007/04
傅立文	中共推動國防科技工業「軍民結合」初探	中共研究	40卷11期	2006/11

表 1-2　「中國大陸國防科技工業」期刊論文彙整表（續）

作者	篇名	期刊名	卷期	日期
丁樹範	全球化下的中國國防工業	中國大陸研究	49卷3期	2006/09
丁樹範	市場因素與1990年代以後中國裝備體系的改革	中國大陸研究	48卷1期	2005/03
劉宜友	中共國防科技發展簡介	陸軍月刊	40卷466期	2004/06
蔡明彥	中共跨世紀軍備發展策略分析	全球政治評論	5期	2004/01
王定士	俄羅斯軍售中國之研析2000-2003：對亞太及台海安全的衝擊	俄羅斯學報	3期	2003/03
丁樹範	中共未來的軍備政策	遠景季刊	2卷2期	2001/04
丁樹範	中國大陸國防工業及其軍事力量的意涵	問題與研究	39卷3期	2000/03
丁樹範	大陸國防工業「軍轉民」對其國防現代化的影響	中國大陸研究	40卷6期	1997/06
石義行	中共國防工業軍轉民之情勢與發展	中共研究	30卷8期	1996/08
楊志恆	比較美國與中共國防工業的演變	問題與研究	34卷6期	1995/06
丁樹範	市場化趨勢下的大陸國防工業	中國大陸研究	37卷6期	1994/06
邱宏輝	中共國防工業推行「軍民結合」的情形及問題	中共研究	24卷9期	1990/09

資料來源：筆者參照CEPS中文電子期刊資料庫、HyRead台灣全文資料庫查詢功能彙整。

經由上述文獻資料檢索結果發現，國內從事中國大陸國防科技工業議題相關研究之數量並不豐富，突顯從事此項議題研究之價值。

二、中國大陸重要參考文獻

中國大陸對於國防科技工業的研究較臺灣豐富許多。以「CNKI中國知網」進行期刊論文關鍵字檢索，當設定「國防科技工業」時，自1990至2018年顯示有6,121篇紀錄；「國防科技」顯示有10,304篇紀錄；「國防工業」顯示有2,258篇紀錄；「軍事科技」顯示有266篇紀錄；「軍事工業」顯示有2,540篇紀錄；「軍工」顯示有13,271篇紀錄（如圖1-1）。其次，在博士論文方面，與研究相關，自2005年後也明顯增加，最高累計有42篇學位論文完成，且以「國防科技大學」、「哈爾濱工業大學」之研究量較高（如圖1-2）。

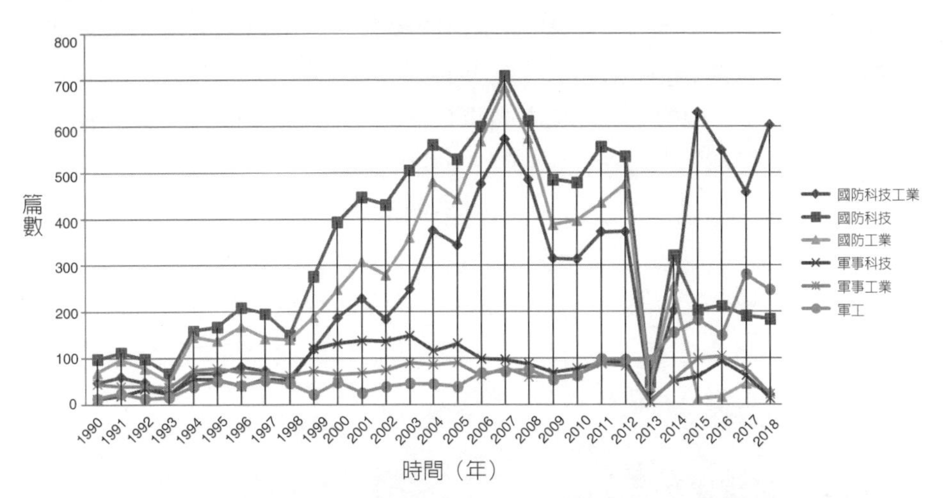

圖1-1　1990-2018年中國大陸國防科技工業學術期刊數量統計圖

資料來源：筆者依據CNKI中國知網統計數據繪製。

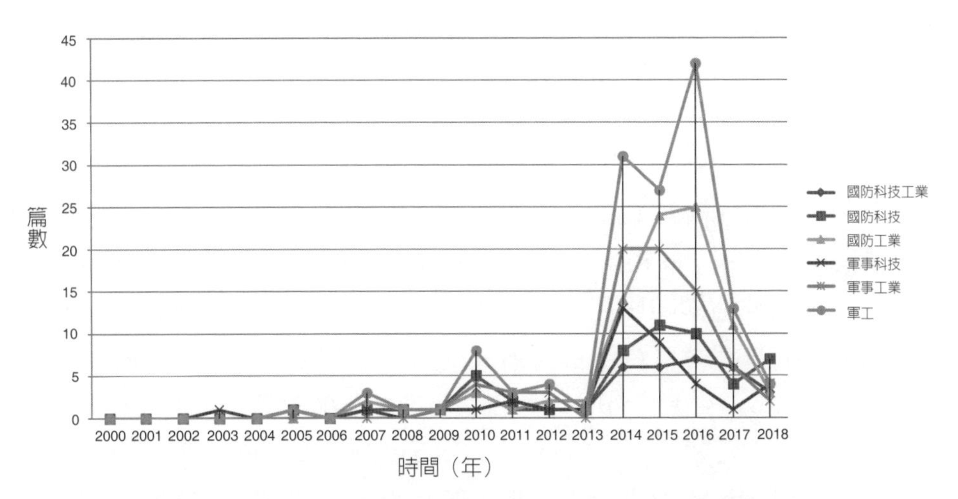

圖1-2　2000-2018年中國大陸國防科技工業博士論文數量統計圖

資料來源：筆者依據CNKI中國知網統計數據繪製。

其次，在專書方面，關於國防科技工業議題出版量亦較臺灣高出許多。以2012至2018年爲例，就有如《世界國防科技工業概覽》（2012）、《中國特色軍民融合式發展研究》（2012）、《難忘歲月：我的軍工生涯》（2013）、《戰略性新興產業軍民融合式發展研究》，以及《國防科技產業集群的形成與發展研究》（2014）、《國防科技和武器裝備創新發展》（2015）、《中國軍民融合發展報告2016》（2016）、《國防科技發展報告》（2017），以及和國防研發投資、國防工業發展、國防科技創新、裝備採購改革、國民經濟動員等內容相關之《軍民融合研究叢書》（2018）等眾多專門著作出版發行。從目前出版種類分析，有的是探討國家內部的國防科技工業發展，亦不乏有向國外制度借鑑之研究著作。對於中共而言，「國防科技工業」被視爲是國家發展與國家安全戰略重要一環，且可從發行出版數量得到印證。

三、歐美國家重要參考文獻

本研究選擇JSTOR、SAGE資料庫進行外文文獻搜尋，另以Google Scholar爲輔助，鍵入“China”、“defense science and technology”、“defense S&T”、“defense industry”、“civil-military integration” 等字組關鍵詞，發現自2000至2018年在研究報告、國際期刊中的刊出篇數相當豐富。例如：在歐美智庫部分，英國國際戰略研究所（The International Institute for Strategic Studies, IISS）出版《The Military Balance》（2018）報告、歐盟安全研究所（European Union Institute for Security Studies, EUISS）出版《Defence Industries in Russia and China: Players and Strategies》（2017）報告、美國戰略與國際研究中心（Center for Strategic and International Studies, CSIS）出版《Chinese Strategy and Military Modernization: A Comparative Analysis》（2017）報告。另外，在專家學者學術研究期刊發表方面，包括：黃朝峰〈Is China the Second Military Power? – A Defense Industry Prospective〉（2014）、Wen Xiaoge、Zhu Wenbo〈The Study on Chinese Defense Science and Technology Industry Management Innovation in the Policy of Civil-Military Integration〉（2014）、Richard A. Bitzinger〈Regional Macro: Trends in the Development of Military Technology and Defense Science and Technology〉（2012）、David Yang〈Civil-Military Integration Efforts in China〉（2011）、Ed Francis、Susan M. Puska〈Contemporary Chinese Defense Industry Reforms and Civil-Military Integration in Three Key Organizations〉（2010）、Thomas G. Mahnken〈Understanding Military Innovation: Chinese Defense S&T in Historical and Theoretical Perspective〉（2010）、Zhaozhen Fan〈Thirty Years' Financial Support for Chinese Industry Reform of National Defense Science〉（2008）、Richard A. Bitzinger〈Civil-Military Integration and Chinese Military Modernization〉（2004）、丁樹範〈Is China a Threat? A Defense Industry Analysis〉（2000）等篇論文亦可作爲參考。較值得一提的是，美國加州大學聖地牙哥分校 （University of California, San Diego）的全球衝突與合作研究所（Institute on Global Conflict and Cooperation）自2010至2013年進行了一系列有關亞洲地區國家國防科技工業相關研究與評估，發表了46篇論文，其中亦將中國大陸的國防科技工業與軍工產業發展納入，相關文獻之評述於次段進一步說明。

此外，在外文書籍出版方面，隨著中共軍力持續提升而不斷有專書針對軍事科技創新等議題進行相關討論，摘取近年較具代表性著作，彙整如表1-3所示。

表 1-3　中國大陸國防科技工業外文書籍

作者	書名	出版社	年份
Tai Ming Cheung, Thomas Mahnken	The Gathering Pacific Storm: Emerging US-China Strategic Competition in Defense Technological and Industrial Development	Cambria Press	2018
Andrew S. Erickson	Chinese Naval Shipbuilding: An Ambitious and Uncertain Course	Naval Institute Press	2017

表 1-3　中國大陸國防科技工業外文書籍（續）

作者	書名	出版社	年份
Benjamin Lai	The Dragon's Teeth: The Chinese People's Liberation Army – Its History, Traditions, and Air Sea and Land Capability in the 21st Century	Casemate	2016
Michael S. Chase, Jeffrey Engstrom	China's Incomplete Military Transformation: Assessing the Weaknesses of the People's Liberation Army (PLA)	RAND	2015
Tai Ming Cheung	Forging China's Military Might: A New Framework for Assessing Innovation	Johns Hopkins University Press	2014
Kevin Pollpeter 等	Getting to Innovation Assessing China's Defense Research, Development, and Acquisition System	UC Institute on Global Conflict and Cooperation	2014
Richard P. Hallion 等	The Chinese Air Force: Evolving Concepts, Roles, and Capabilities	Progressive Management	2013
Phillip C. Saunders, Joshua K. Wiseman	Buy, Build, or Steal: China's Quest for Advanced Military Aviation Technologies	CreateSpace Independent Publishing Platform	2012
Tai Ming Cheung	China's Emergence As a Defense Technological Power	Routledge	2011
Tai Ming Cheung	Fortifying China: The Struggle to Build a Modern Defense Economy	Cornell University Press	2009
Evan Medeiros 等	A New Direction for China's Defense Industry	RAND	2005
Evan A. Feigenbaum	China's Techno-Warriors: National Security and Strategic Competition from the Nuclear to the Information Age	Stanford University Press	2003
Evan S. Medeiros, Bates Gill	Chinese Arms Exports: Policy, Players, and Process	U.S. Army War College	2000

資料來源：筆者參照JSTOR、SAGE、Google Scholar查詢功能彙整。

貳、重要參考文獻評述

國防科技工業是中國大陸戰略性產業，亦是中共拉動國家經濟增長的重要支柱，無論是尖端科技研發或是推動國家建設，國防科技工業在國家科技、政治、經濟、外交和軍事等方面展現了綜合關聯性。儘管此一議題在中國大陸研究領域極爲重要，惟國內從事相關研究的學者並不多，其中又以學者丁樹範的研究成果最爲豐富。事實上，從公開資料中可以發現，丁樹範自1994年起持續研究中國大陸國防工業，他的研究重點聚焦於國防科技工業體系之改革，無論是與社會主義市場經濟發展連結，或是在「軍轉民」、「軍民結合」、「軍民融合」等政策引導之制度性轉變，抑或是結合中國大陸軍力發展與區域國際關係議題進行相關研究，丁樹範的研究對於國防科技工業發展的軌跡、改革的策略、方向均做出完整的整理與分析。

其次，檢閱國內其他學者進行本研究相關議題之研究成果，大多數的著作偏向介紹性質，亦即將中國大陸國防科技工業發展近況或新知告訴讀者。然而由於相關資料並非連續刊載，且爲個案、概況介紹，進而突顯出這項研究議題之重要價值與不足。本研究期望在國內學者之既有研究基礎上，一方面加入中國大陸國防科技工業研究領域，另一方面亦能從學經歷之相關性，對此議題提出更具實務與理論性之研究論點。

有關外國社會科學領域學者進行中國大陸國防科技工業之研究成果，美國加州大學全球衝突與合作研究所資深研究員張太銘（Tai Ming Cheung）爲代表性學者之一。他分別於2013、2014年編著《China's Emergence as a Defense Technological Power》以及《Forging China's Military Might: A New Framework for Assessing Innovation》兩本專書，聚焦在中國大陸國防經濟以及評估國防科技工業創新發展情形。

在《China's Emergence as a Defense Technological Power》一書中，作者是從較爲宏觀的角度說明中共基於追求、擴大國家安全利益而持續強化軍事和安全戰略之影響力，其發展特色則是以國家爲中心，且更具民族主義。作者也認爲中共正在穩健推動與加強國家的國防科技自主創新能力。

此書從國際關係的角度檢視、探討了軍工單位採取模仿（imitation）方式發展國防科技工業，並與美國、日本等其他先進工業國家的作法進行比較；另從發展項目分析，作者亦針對中國大陸導彈、航空、航天等國防經濟產業加以介紹。[25]因此，此書對於欲瞭解中國大陸近期國防科技工業發展概況以及改革策略提供了實用資訊。

在《Forging China's Military Might》一書中，作者認爲引進（introduce）、領悟（digest）、吸收（assimilate）、再創新（re-innovate）是中國大陸國防科技工業明確的策略（簡稱爲IDAR策略），這也是中共雖不需要建立先進、成熟的方法，卻仍然有技術能力，以最佳的成本計算，製造出足以符合國家發展需求之武器裝備。作者將中國大陸國防科技工業的發展模式形容成像是在「鍍金」（gold plated），亦即以美國和其他先進工業發展國家爲基底，進行另一種具有中國特色的創新。中共的重點並不在發展出可以傲視群倫的科技技術，其目的只在建立能夠滿足現況之技術需求。張太銘並且認爲，做爲一個趕超（catch-up）國家，中共近二十年來正積極從事國防軍事之技術創新工作，這是一場長期且不同於歐美工業國家的競賽。因此，無論是軍方或是軍工單位皆認爲必須做長遠的布局與投資。儘管中國大陸國防科技工業發展在短期之內仍難以超越美國，惟若再持續地快速進展，五至十年後勢必會對美國構成新的挑戰與威脅。[26]

在研究機構方面，美國智庫蘭德公司（RAND）研究員Evan S. Medeiros、Roger Cliff、Keith Crane、James C. Mulvenon於2005年12月出版《A New Direction for China's Defense Industry》專書。此書以中國大陸國防科技工業之研發能力爲核心，探討其軍工企業在設計（design）與生產（product）解放軍武器裝備方面的現狀與能力，同時也對國防科技工業發展在對應處理臺灣問題以及確保在亞洲區域軍事地位之能量加以

25 Tai Ming Cheung, *China's Emergence as a Defense Technological Power* (London: Routledge, 2013), pp. 1-4.

26 Tai Ming Cheung, *Forging China's Military Might: A New Framework for Assessing Innovation* (Baltimore: Johns Hopkins University Press, 2014), pp. 15-46; 47-65.

評估。書中聚焦在導彈、軍用造船、航空以及資訊科技等議題，提供自1980至2005年中國大陸國防科技工業發展之豐富資料。[27]大西洋理事會（The Atlantic Council）於2003年2月公布了一份〈Globalization of Defense Industries: China〉報告，作者John Frankenstein從「政治需求」（political imperatives）、經濟（economy）、解放軍需求（PLA needs）三個面向，評估中國大陸國防科技工業發展。報告內容認爲中國大陸的國防科技工業在當時尚未跟上現代化進程，以致於大量對外國尋求資源關鍵技術與武器裝備。惟無論如何，若與1949年建政初期相較，當前中國大陸國防工業發展成果仍應受到肯定。在後續發展方面，作者一方面認爲中共必須建立更完善之生產與設計系統，另一方面也提醒面對全球化時代，中國大陸航天工業正是依賴國際生產鏈路典型案例，惟在國內卻正在面臨國有企業轉型發展難題。因此，儘管中共積極發展國防科技工業，在全球化背景環境下仍須謹愼以對，持續觀察其動態與目的。[28]

在近期的研究成果方面，主要是美國加州大學全球衝突與合作研究所由前述資深研究員張太銘領導之專案團隊進行之研究最爲豐富。以2013年爲例，該研究團隊成員Kevin Pollpeter在美國國際海事組織（International Maritime Organization, IMO）海上安全委員會（Maritime Safety Committee）即針對中共發展「北斗」衛星導航系統公開發表觀點認爲：「中共將北斗系統研發視爲軍事與經濟安全之關鍵要素，並將其作爲國家級基礎設施來建設」；「至2020年，中國大陸衛星導航產品和服務市場規模可達4,000億人民幣，中共希望北斗系統能夠占據70%至80%的市場占有率」。[29]除此之外，張太銘於2014年11月亦針對「中國國際航空航

27 Evan S. Medeiros, Roger Cliff, Keith Crane, and James C. Mulvenon, *A New Direction for China's Defense Industry* (Santa Monica, CA: RAND, 2005), http://www.rand.org/content/dam/rand/pubs/monographs/2005/RAND_MG334.pdf (Accessed 2015/6/24).

28 John Frankenstein, "Globalization of Defense Industries: China," *The Atlantic Council,* February, 2003, http://mercury.ethz.ch/serviceengine/Files/ISN/46286/ipublicationdocument_singledocument/d2b25d97-a82b-4661-8e77-aa0e77e91686/en/2003_02_Globalization_of_Defense_Industries_China.pdf (Accessed 2015/6/25).

29 Bree Feng, "A Step Forward for Beidou, China's Satellite Navigation System," *New York Times*, December 5, 2014, http://cn.nytimes.com/china/20141205/c05beidou/dual/ (Accessed 2015/6/25).

天博覽會」（Airshow China）展示內容接受訪問表示：「自2009至2013年，中國大陸武器最主要的買家是巴基斯坦、孟加拉和緬甸。同一時期，中國大陸製造的武器在全球武器貿易中所占的比例從2%增加到了6%，而國際武器市場的總規模也擴大了14%。在規模相對較小但持續增長的撒哈拉以南非洲市場，中國大陸也是常規武器的主要供應國」。中共正在透過軍民融合戰略，鼓勵非國有資本企業進入國防產業，進而鼓勵競爭和創新。[30]該研究單位密切關注中國大陸國防科技工業發展動態，並且經常舉辦研討會、座談會，對外發表研究成果，這些都將對本研究提供極為實用之研究資訊參考。

此外，據瑞典斯德哥爾摩國際和平研究所（Stockholm International Peace Research Institute, SIPRI）研究顯示，中國大陸曾於2014年超過德國、法國和英國，成為世界第三大武器出口國。[31]目前在中國大陸包括有「中國核工業集團有限公司」等十餘家大型國有軍工企業主導市場地位優勢，而政府部門同時也鼓勵私營企業加入國防科技工業發展領域。[32]中共自1949年建政以來相當重視建立國防科技工業體系，經過幾十年發展，已能自行研製戰術性能先進之常規武器裝備，並且擁有研製和生產戰略核導彈、核潛艇、人造衛星和載人航空器等裝備與產品之能力，進而成為世界上少數幾個獨立掌握核武器及太空技術國家，且大幅提升軍隊武器裝備現代化水準。[33]中共積極發展國防科技工業的戰略目的是多元的、任務是多重的，且範圍涵蓋安全、經濟、防務領域，攸關中國大陸、區域安全，以及大國關係安定。

---

30 "China's Rise as Arms Supplier Is Put on Display," *New York Times*, November 16, 2014, http://cn.nytimes.com/china/20141116/c16airshow/dual/ (Accessed 2015/6/25).

31 Austin Ramzy, "China Becomes World's Third-Largest Arms Exporter," *New York Times*, March 16, 2015, http://sinosphere.blogs.nytimes.com/2015/03/16/china-becomes-worlds-third-largest-arms-exporter/?_r=0 (Accessed 2015/6/25).

32 Shai Oster, "China's New Export: Military in a Box," *Bloomberg Businessweek*, September 25, 2014, http://www.businessweek.com/articles/2014-09-25/chinas-norinco-is-defense-giant-on-global-growth-path (Accessed 2015/6/25).

33 世界國防科技工業概覽編委會編，《世界國防科技工業概覽》，頁301。

第四節　本書的研究途徑與方法

壹、研究途徑

本書採用歷史制度研究途徑（historical institutionalism）「路徑依賴」觀點進行中國大陸國防科技工業相關議題研究。其中，路徑依賴是政治與經濟研究領域處理制度變遷問題廣被採用的一種理路。經濟學學者Douglass C. North認為，制度是由人所設計的規範，用來限制、形塑人與人之間包括政治、經濟、社會方面互動的交換行為，是一種遊戲規則（rule of game），[34]可用來研究經濟的長期變遷。其中，在制度變遷中，「報酬遞增」（increasing returns）可以讓制度變遷走向特定路徑，[35]並且在既定軌跡發展中「自我強化」（self-reinforcement），進而形成路徑依賴結果。Paul Pierson也認為，特定的軌跡也會對下一步的變遷產生相對的吸引，並且開始累積影響力，進而產生自我強化的活動循環。[36]「路徑依賴」強調制度變遷主要受到來自政治、經濟、社會、文化等各方面的作用與影響，亦即在抉擇制度選項方面皆會受到制度前後時期的制約因素所影響，雖然限縮了選擇的範疇，惟只有充分面對與考量相關制約因素，才有助於做出最後的決策判斷。

研究中國大陸國防科技工業議題的範疇亦是如此。本研究認為這項被視為國家戰略性質的產業，歷經中共各世代領導人政治領導風格的轉變，以及從計畫經濟向社會主義市場經濟的改革轉型，其產業發展與制度變遷亦有路徑依賴特性。因此，國防科技工業整體發展的軌跡同樣具有路徑依賴性，並且反映在技術發展，以及軍民產業互連分工的制度變遷。尤其是當前中共強調軍民融合戰略的作法更受到制度在不同時期選擇的影響與制

34 Douglass C. North, “Institutions,” *The Journal of Economic Perspectives*, Vol. 5, No. 1, Winter, 1991, p. 97.

35 Douglass C. North, *Understanding the Process of Economic Change* (Princeton, N.J.: Princeton University Press, 2005), p. 21.

36 Paul Pierson, *Politics in Time: History, Institutions, and Social Analysis* (Princeton, N.J.: Princeton University Press, 2004), pp. 17-18.

約。中國大陸國防科技工業發展戰略的選擇，採用的是制度延續與調整，有其脈絡依循與自我強化的效應，也反映North在《理解經濟變遷過程》（Understanding the Process of Economic Change）提到：現在的選擇是受到過去制度的衍生與信念所影響的「路徑依賴」觀點。[37]

貳、研究方法

運用適當的研究方法，能夠探究客觀事物之本質，並且對其相關事物建立清晰的思維脈絡，這是問題研究之基本角度與出發點，也是從事研究的技術手段。在政治學領域中，研究方法係指對於政治現象展開研究的分析方法與技術手段，也是讓人們主觀的政治意識轉爲客觀事實認識之科學方法與法則。基此，本研究在研究方法的選擇上，採用「文獻資料分析法」、「比較研究法」與「歷史研究法」作爲研究中國大陸國防科技工業發展、變革，以及產生效應之質性研究（qualitative research）的資料處理方式。

一、文獻資料分析法

本研究選擇「文獻資料分析」（document analysis）作爲主要的研究方法。進行質性研究的原因，主要考量國防科技工業是中國大陸之戰略性產業，在資料取得方面並非完全對外公開。因此，爲求研究過程仍能保持客觀與周延，必須檢閱國內外文獻資料，統整分析與本研究相關之資訊，以彌補不足。

本研究採用文獻資料分析法的目的，是希望能夠站在巨人的肩膀上，透過學術先進的研究成果，延續與深化研究中國大陸國防科技工業之知識基礎。因此，在文獻資料的種類方面，將含括中共公布的官方文件、法律規章、政策措施、指示建議、專業報告、政府公報、重要備忘錄、新聞聲明、公告事項、出版刊物、發表演說，以及國內外學術界出版之專

37 Douglass C. North, *Understanding the Process of Economic Change*, p. 21.

書、期刊、研究報告、論文及相關統計數據資料等，作爲資料的來源與進行分析、比較、歸納、推論之基礎。[38]其次，當前資訊網路技術以及數位化科技日益成熟，透過國內外學術機構、大學、以及政府機構建置之主題資料庫（database），亦能夠以更具有效率的方式，蒐羅所需的文獻資料。

文獻資料繁瑣且涵蓋面廣泛是質性研究的一大特性，惟只有透過大量閱讀、思考，並且謹愼地運用，才有可能做出客觀、周延的研究。尤其國防科技工業研究議題已成爲當前中國大陸研究在政治、經濟、軍事等領域共同關注焦點，無論是官方或民間、學術研究或應用研究，從每年產出的文獻資料可以發現：儘管中共官方對於重要的關鍵發展項目仍然趨於保留，惟藉由廣泛蒐羅公開資料，仍可釐清相關議題脈絡，而有助於瞭解中國大陸國防科技工業發展的現況與趨勢。

二、比較研究法

主要是指將兩種或兩種以上相關聯的事物進行對比研究，從中發現相似或差異之分析方法。採用比較研究法的原因，在於中國大陸國防科技工業隨著不同時期政治、經濟、軍事體制轉變而呈現不同的發展特色。例如：在1960年代的「三線建設」時期、1980年代隨著中共實行改革開放政策針對三線企業進行改組轉型，以至當前結合國家戰略性新興產業而在全國建立軍民兩用技術產業集群等作法，[39]皆爲研究國防科技工業必須關注的議題。此外，中共發展國防科技工業深受美國、俄羅斯兩個國家的發展經驗所影響，這些跨越制度、國家之間的異同比較，有助於瞭解中共嘗試建立具有中國特色的國防科技工業發展模式，突顯比較研究法的重要功用。

---

38 吳安家，《中共史學新探》（臺北市：幼獅文化事業公司，1978），頁384。

39 董曉輝，《軍民兩用技術產業集群協同創新》（北京市：國防工業出版社，2014），頁128-150。

三、歷史研究法

此一研究方法認爲歷史證據可以在一個廣爲不同的背景下，提供考察不同政治現象的機會。[40]因此，藉由中共黨政史料的蒐集與國防科技工業發展歷史的描述，本研究可以針對中共自建政以來其產業發展變革深入檢視與分析。歷史是發展的一面鏡子，以史爲鏡，可以知興衰。[41]中國大陸國防科技工業隨著中共政權更迭，歷經各時期國內外安全與發展局勢而呈現不同的特色。特別是在解放軍軍力現代化之際，這支已不再是小米加步槍的軍隊，軍隊建設必須高度依賴國防科技工業充分支持，眾多在體制上的變與不變皆需要透過史實的整理與分析。運用歷史研究方法，可讓研究國防科技工業發展議題能夠更加客觀、眞實，並且涵蓋全面。

綜合以上所述，無論是基於毛澤東在1950至1960年代號召「三面紅旗」[42]運動喊出「超英國，趕美國」政治口號，或是時經60年後，習近平倡導追求「中國夢」，中共五代領導人皆以建設社會主義、謀求中國大陸高速發展爲鵠的。儘管時空環境不一樣，策略有異，方法不同，但設法強化國防科技和相關工業、產業體系，實現強軍、興國之國家安全和發展戰略目標，爭取世界優勢地位條件之意圖卻是一致的。本研究循此發展脈絡，深入探究中國大陸國防科技工業蛻變與發展之路。

40 瞿海源、畢恆達、劉長萱編，《社會及行爲科學研究法2：質性研究法》（北京市：社會科學文獻出版社，2013），頁157。

41 唐龍，《體制創新與發展方式轉變》（北京市：中國社會科學出版社，2012），頁30。

42 是指社會主義建設總路線、「大躍進」和人民公社化運動。見傅頤編，《中國記憶：1949-2014紀事》（深圳：深圳報業集團出版社，2014），頁57。

第二章　探索
做中學、學中做的富國強軍現代化道路

檢閱國內外公開資料可知，近年來解放軍國產航母、J-20隱形戰機、東風-41洲際導彈等一系列先進武器裝備曝光，得益於國家綜合國力提升。尤其是經濟增長帶來的財富效應，挹注於國防科技工業發展，奠定了中國大陸核武、坦克、艦船、飛機、導彈等各式新型武器裝備研製、列裝最雄厚的基礎條件。然而，中共並非天生就擅長「富國強軍」之道，這段做中學、學中做的發展歷程是借鏡了包括：美國、俄羅斯、英國、法國、德國等歐美先進工業國家軍事工業（military industry）經驗，以及參照日本、印度、以色列等亞洲地區國家武器裝備現代化作法，再結合國家本身於不同時期採取「先軍政治」、「先經政治」路徑之防務安全實際需求，才逐漸摸索出一套有系統的國防科技工業建設體制。

本章挑選目前爲全世界軍事工業發展歷程悠久、規模龐大的兩個國家：美國、俄羅斯，從兩國軍事工業發展、轉型的過程與經驗，探討中共在「後發優勢」（advantage of backwardness）條件下，汲取他國國防科技和軍工產業、企業制度特色，並且結合本國實際需求，分析這些經驗與教訓對中共制定國防科技工業政策造成的實質影響。

第一節　美國軍事工業發展經驗

美國是政治、經濟、軍事強國，作爲國際體系中的霸權國家（hegemony），必須掌握世界軍事主導權。因此，利用經濟與軍事實力優勢，建立全面領先的軍事技術，以及確保其軍事工業體系健全運作成爲有效維繫方法。美國軍事工業體系主要由國防部（U.S. Department of

Defense, DoD）主導，但卻是以民間軍工企業爲主體，再加上市場、法律規範等規則的制定，建立起一套以軍民融合爲特色，且能結合平戰時期的運作體系。這種整合政府與民間國防科技產業供需關係建立的軍事工業體系，對於中共同樣欲實現資本與技術快速擴張、國防科技技術創新，以及產業高效、集約（intensive）效益產生了深刻影響。

壹、軍事工業體系概況

美國的軍事工業體系堪稱全世界最龐大，也最爲發達，其軍事高新技術與武器裝備一方面能夠滿足國家與防務安全所需，亦能挹注國家經濟增長，藉由科技的應用與轉用，同時促進軍民兩用國防科技持續創新，爲軍工企業帶來可觀的利潤。[1]以產業規模而論，美國軍事工業的產業結構主要由核工業、航天、導彈、航空、艦船、兵器以及國防電子等行業組成。在不同層級的公司企業，以及主、次承包商、零部件供應商的共同投入之下，分別從事相關產品領域之研製、維修等工作，形成全面性發展的產業體系，並且提供美軍涵蓋陸、海、空、天、電領域種類齊全的武器裝備選擇。除了產品項目的支持，美國也相當重視國防科技研究（research）、發展（development）、測試（test）、評估（evaluation）資金投入，以確保先進技術獨步領先。例如：國防部於1957年成立國防先進研究計畫署（Defense Advanced Research Projects Agency, DARPA），負責研發用於國土安全與軍事用途之高新科技。[2]另以2017年美國國防預算5,837億美元爲例，研發經費近720億美元，約占總額度12%，也較前一年增加了5.3%。[3]其中，包括陸軍76億美元、海軍及陸戰隊173億美元、空軍281億美元，

---

1 Heidi Brockmann Demarest, *US Defense Budget Outcomes: Volatility and Predictability in Army Weapons Funding* (New York, N.Y.: Palgrave Macmillan, 2017), pp. 62-63.

2 Committee on Facilitating Interdisciplinary Research, National Academy of Sciences, National Academy of Engineering, *Facilitating Interdisciplinary Research* (Washington, D.C.: The National Academies Press, 2005), pp. 122-123.

3 "Fiscal Year 2017 Defense Bill to Head to House Floor," *The U.S. House Representatives Committee on Appropriations*, March 2, 2017, https://appropriations.house.gov/news/documentsingle.aspx?DocumentID=394777 (Accessed 2017/6/5).

以及國防部範疇計畫186億美元用於上述領域。[4]另再檢視2018年美國國防預算，總預算額度計6,921億美元，其中研發經費約863億美元（包括陸軍100億美元、海軍及陸戰隊180億美元、空軍358億美元，以及國防部範疇計畫222億美元），仍維持占總額度12.5%，較2017年增加約0.83%。[5]可見美國重視軍備研發和軍事工業，已成爲國家富有競爭力的戰略性產業。

在人力與資金投入、配置方面，大量專業人才、豐沛資本，再加上明確的政策誘導、完善的產業鏈，美國造就出富有巨大武器裝備市場發展潛力和高效能研發體系。美國軍事工業競爭力形成的因素包括：第一，聯邦政府提出長遠明確的國家安全戰略規劃與具體指導，[6]以及相關配套法律規範、管理作法，以利達成戰略目標。第二，經濟基礎與實力雄厚，能夠提供產業中尖端技術研發、試驗資助，進而取得技術創新優勢。第三，聯邦政府對軍工企業可進行有效的管理，不僅制度完備，機制健全，且能夠善用軍工企業特性，發展優勢產業（如表2-1所示），進而提升軍事工業產業競爭力。

表 2-1　美國軍事工業產業主要領域體系

產業重點	發展主軸	關鍵技術
大規模毀滅性武器防禦	提升具備追蹤、定位、抓捕、控制、阻止、清除大規模毀滅性武器之科技。	探測與處理運算技術。
柔性工程系統	阻止對武器裝備系統進行惡意破壞，以及研發國防安全相關領域之工程製造科技。	成本低，可靠性高，安全且易修改之系統設計、開發、製造技術。
人機系統	強化人機互動效能，應用於各類型任務之科技。	結合實際場景，藉人機互動強化適應與持續之訓練技術。

4 Katherine Blakeley, *Analysis of the FY 2017 Defense Budget and Trends in Defense Spending* (Washington D.C.: The Center for Strategic and Budgetary Assessments, 2016), p. iii.

5 House of Representatives, *National Defense Authorization Act for Fiscal Year 2018 Conference Report* (U.S. Government Publishing Office, 2017), pp. 1666-1682.

6 The White House, *National Security Strategy of the United States of America*, December 18, 2017, pp. 20-23; 28-32. https://www.whitehouse.gov/wp-content/uploads/2017/12/NSS-Final-12-18-2017-0905.pdf (Accessed 2017/12/20).

表 2-1　美國軍事工業產業主要領域體系（續）

產業重點	發展主軸	關鍵技術
自主系統	研發在各種環境具備高度可靠性且安全完成複雜任務之科技。	在複雜與真實環境運作之系統技術。
電子戰、電子防護	在電磁頻譜中發展能夠保護武器系統、增進武器效能之技術。	電子情報蒐集、辨識、分析技術、反制干擾技術、電子攻擊技術。
網路科技	高效能，可適應聯合作戰環境之網路科技。	靈活、有效，且能彈性應用於資訊系統之資訊技術。
大數據決策分析	縮短運算分析大數據資料時間與人力之科技。	內容分析、自主分析、使用者界面技術。

資料來源：筆者自行彙整。

貳、產業管理體制與結構

美國軍事工業體系具有政府主導，鼓勵民間軍工企業共同參與之特色。其中，包括Lockheed Martin、Boeing、Northrop Grumman、Raytheon、General Dynamics、United Technologies等公司皆是典型的民間軍工企業集團代表。這些軍工企業集團不僅本身競爭力強，也具有將武器裝備項目拆分給各國相關企業共同研製的統合能力，因而能夠運用有利資源、發展頂尖科技，同時分散風險、降低成本，維持企業規模與穩定獲利。其次，美國軍事工業得益於政府自由市場經濟政策、金融市場環境開放，以及公平競爭機制，讓更多的民間軍工企業能夠投入國防產業，並且激勵國內研究型大學廣泛參與國防科技研究項目，進而形成成熟的軍工產業與企業運作產業鏈。美國軍事工業產業結構從最基礎的通用零部件至最尖端的武器系統，歷經長年重視與投資，甚至是戰場上的實際驗證，已經形成配套完整的產業管理體制與結構。

事實上，美國軍事工業體系能夠發展至今日成熟的規模，並非一蹴可幾。尤其是在冷戰結束後，美國國防預算額度大幅減少，連帶影響軍事工業產業規模和運營。爲了讓軍事工業體系能夠結合國情運作，美國政府展開軍工企業整併、兼併工作推動，以縮小規模，緩解內部競爭並且降低營運成本。直至前總統Bill Clinton執政期間，美國政府對軍工企業發展定調爲必須滿足軍事與商業需求的軍民融合國家技術與工業基礎戰略目標。2001年1月，George W. Bush成爲繼任國家元首，在他就任後先後發動一連串的反恐戰爭（war on terror）中，再次改變了美國國家安全威脅態勢。爲了結合「基於效應行動」（effects-based operations）軍事準則要求，美國軍事工業體系再次進入轉型調整進程。2003年2月，美國國防部提出《國防工業基礎轉型路線圖》（Transforming the Defense Industrial Base: A Roadmap），明確指出「基於行動效應的軍工部門」（operational effects-based sectors）戰略思維，其重點在於改變以往按照產品類型區分軍工類別之傳統作法，改將國防工業基礎按照作戰需求，重新劃分爲：戰鬥支援（combat support）、軍力投射（power projection）、精準交戰（precision engagement）、國土與基礎防護（homeland & base protection）、戰場空間整合（integrated battlespace）等五大領域，[7]後又於2004年7月再調整爲作戰空間感知（battlespace awareness）、指揮與控制（command & control）、兵力運用（force application）、本土保護（protection）、聚焦後勤（focused logistics）、網路中心戰（net-centric）等六個領域。[8]

美國聯邦政府對國內軍事工業體系的管理具有商辦官助特色，亦即美國政府並未設置專門的軍事工業管理機構，也不干預軍工企業經營，主要藉由政府採購體制，引導軍事工業發展。因此，制定有利的經濟政策與環境，鼓勵軍民雙方投資、研發國防技術成爲管理效率的關鍵。首先，美國憲政體制決定了對軍事工業管理來自立法、行政、司法三大體系。其中，相關政府行政機關包括：國務院、國防部、能源部、國家航空暨太空總署等部門，各主管部門按照政府職能，分別負責國防武器、裝備、器材

7 Dawn Vehmeier, Michael Caccuitto, Gary Powell, *Transforming the Defense Industrial Base: A Roadmap* (Washington, D.C.: Office of the Deputy Undersecretary of Defense [Industrial Policy], 2003), p. 7.

8 "Joint Battlespace Management Command & Control: An Industry Perspective," *Defense Technical Information Center*, July 8, 2004, http://www.dtic.mil/ndia/2004/precision_strike/TheWorkingCopyPSABrf.pdf (Accessed 2017/6/25).

研發、生產，以及管理。其次，在實際運作方面，民間軍工企業才是軍事工業主要力量，且大多採用研發、生產，以及一套完整鏈路的組織管理體制。另外，亦有來自政府、軍方相關科研單位之部分投入。在運作程序方面（如圖2-1），是由國防部統籌全軍武器裝備需求，經國會批准、總統簽署命令後，再由國防部邀集相關軍、兵種制定武器裝備科研生產計畫。此外，在國防部每年編製預算中，亦包括有各軍種武器裝備購置、研發、生產等相關金額項目，充分支持相關政府部門、軍隊、軍工企業，以及科學研究單位，保持軍事工業體系正常運作。[9]

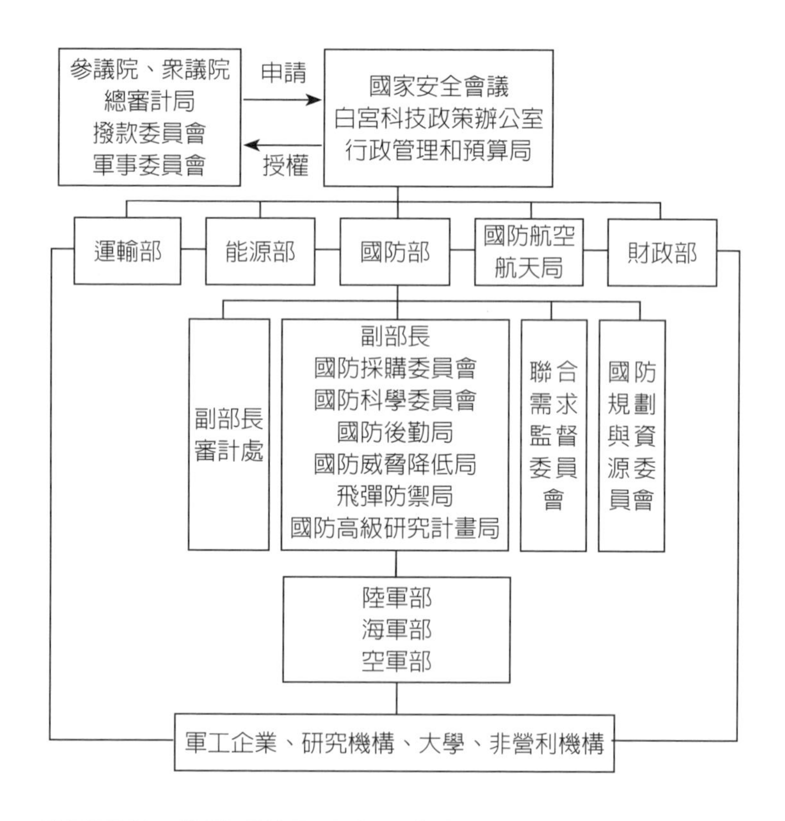

圖2-1　美國軍事工業體系管理運作示意圖

資料來源：筆者自行繪製。

9　苗宏、周華，〈美俄日國防科技工業管理體制及特點〉，《國防技術基礎》，第1期，2010年1月，頁3。

參、軍民融合發展模式

美國軍事工業體系的運作機制是典型的軍民融合發展模式。這套運作機制源於早期「先軍後民」和「以軍帶民」軍事工業發展策略，以及原本軍用與民用市場缺乏互動之國防事務採購制度。直至冷戰結束後，美國一方面在國家「戰時」與「平時」過程中重新配置國家資源，另一方面爲了兼顧國家安全與經濟增長需求，於1995年首次提出軍事工業採取軍民融合模式發展的說法。美國聯邦政府也希望藉此能夠整合國防工業、民生工業爲一體，進而實現一套資源，兩種能力的目標。基此，美國政府開始推動相關法規制度的建立與完備，規範軍事工業朝向軍民融合方向轉型發展。

表 2-2　美國政府公布戰略規劃促進軍民融合進程彙整表

時間	軍民融合戰略規劃	內容簡介
1993	《國防轉軌戰略》	針對國家國防工業縮減、調整提出軍民體系資源整合之「國家技術與工業基礎」，強調促進國防工業為「一個工業基礎」。
1994	《聯邦採辦精簡法》	以軍民融合為核心，檢視600餘部限制性政府採購法規，廢止55部，另針對175部進行修訂。
1995	《國家安全科學技術戰略》	旨在建立能夠同時滿足軍事和商業需求之先進國家工業技術基礎。
2000	《國防科學技術戰略》	強調軍民融合發展模式下的國防工業必須利用民用工業技術創新和市場規模經濟，降低武器裝備研製成本，同時在軍事技術優勢基礎上，採用新的方法提升技術水準。
2003	《國防工業基礎轉型路線》	建立以「作戰效能」為核心之國防工業基礎原則。主要領域包括：戰鬥支援、武裝力量裝備與機動軍力投射、精準交戰、國土與基礎防護、聯合作戰戰場環境空間整合等五大領域，並且要廣泛納入軍用和民用科研資源。
2012	《2013-2017年未來五年國防部技術轉移戰略與行動規劃》	針對國防部技術轉移工作提出三大重點措施：投入技術轉移成功案例調查研究、增進民間獲取美國國防部實驗室資源環境、聯繫國防部科研機構和地方、區域機構資源。

資料來源：筆者自行彙整。

採用軍民融合方式運作軍事工業體系，主要是在研製高科技武器裝備之際，亦能夠注重將軍用國防科技技術轉用於民生工業。另一方面，當民生工業興盛反映於經濟增長時，也能將其效益反饋於軍事工業，形成良性循環。這種軍事工業發展模式的思維，現已成爲中共極力學習與推動國防科技工業的策略良方。美國軍事工業軍民融合發展模式重點主要關注兩大主軸：第一，必須建立軍、民雙方皆能共同參與之國家尖端科學技術與工業基礎，例如：航空、微電子、通訊、電腦、新材料等領域技術；第二，是要盡可能導入民間軍工企業參與，提供相關技術與方法，以降低科研、生產成本。在實際的運作經驗中可見，占美國軍事工業體系比例最高之民間軍工企業約有3萬多家主承包商，以及5萬多家分包商，其承製產品的訂購數量大約占國防部採購總數的90%。可見軍民融合對於活絡美國軍事工業體系運作的重要性。此外，美國全國約有三分之一的民間企業從事與軍事工業生產有關的工作，其軍工產值約占全國工業總產值的五分之一；而國內的科學家、工程師，亦約有二分之一從事與軍事相關的研究；軍工企業雇工人數約占全國製造業工人總數的五分之一。[10]從軍事工業運作績效面向而論，這項產業與科研、生產製造者之間的關係更爲密切。

軍民融合策略納入了美國國營、國有私營，以及民間軍工企業大小承包商的共同投入，儘管體系運作複雜，企業間的競爭力卻因此大增，並且成爲國防科技創新的重要動能。在美國，約有70%的核能工業、80%的航空、航天工業、60%的船舶工業、40%的電子工業、34%的電機工業、30%的機械工業、10%的鋼鐵與石油工業，皆從事與軍品生產相關工作。[11]軍、民雙方的互動交融，造就今日美軍武器裝備技術精良，以及強大的攻擊性能，讓軍事工業水準能夠維持在世界領先地位。

10 劉恩東，〈軍事工業利益集團影響美國的外交決策〉，《當代世界》，第7期，2006年7月，頁18-19。

11 羅仲偉、李守武，〈美俄軍事工業體制與戰略比較（上）〉，《科學決策》，第11期，2003年11月，頁22。

肆、軍工複合體

儘管這個辭彙在美國軍事工業發展中含有貶損之意，突顯美國政府（立法部門及行政部門）、五角大樓（軍方）以及國防承包商（私人公司企業）三方共利、共生的壟斷結構關係問題，甚至因龐大政治經濟利益，違背民意，發動戰爭或軍事行動，導致國際間產生安全困境（security dilemma）下軍備競賽局面，從中賺取戰爭財（war profits），[12]或是以聯合方式賺取暴利，惟「軍工複合體」（Military-Industrial Complex, MIC）仍是探討美國軍事工業最具特色的現象。[13]

美國「軍工複合體」的形成可以追溯至第二次世界大戰期間，爲了追求戰爭勝利，不斷增加軍隊、文人單位，進而促成軍事工業規模迅速擴大。[14]直至與前蘇聯冷戰（cold war）期間，美國政府高度重視航空、航天、電腦、資訊網路、先進材料（advanced materials）在工業與科技方面的應用，以及21世紀「後911」（post-9/11）時期的反恐戰爭，軍事工業不僅高度影響美國政府外交和軍事決策，「軍工複合體」更是持續壯大，至今仍然深深影響美國政治和經濟發展。如同美國前總統Dwight D. Eisenhower於1961年1月17日的卸任演說中提到：[15]

> 一支龐大的軍隊和一個大規模的軍事工業相結合，在美國歷史經驗中是史無前例的新現象。它們對經濟、政治，甚至精神等方面的影響是全面的，遍及每個城市、每座州議會大樓、每個聯邦政府機構。儘管這種發展有必要，惟在政府決策中仍須警惕其有意或無意的重大影響，因爲它關係著我們的辛勞、資源、生計，甚至是社會結構。

12 James Petras, “The Soaring Profits of the Military-Industrial Complex, The Soaring Costs of Military Casualties,” *Global Research*, June 24, 2014, http://www.globalresearch.ca/the-soaring-profits-of-the-military-industrial-complex-the-soaring-costs-of-military-casualties/5388393 (Accessed 2017/6/25).

13 James Fallows, “The Military-Industrial Complex,” *Foreign Policy*, No. 133, November-December, 2002, pp. 46-48.

14 John Whiteclay Chambers, Fred Andersonpp, *The Oxford Companion to American Military History* (New York: Oxford University Press, 1999), pp. 438-439.

15 Bruce M. Russett, Harvey Starr, *World Politics: The Menu for Choice* (New York: W.H. Freeman, 1989), p. 343.

這是「軍工複合體」概念首次被提出。隨著冷戰結束，美國軍工企業於1990年代歷經了一場合併或兼併過程，主要包括：政府行政部門、民間軍工企業、國會、智庫四大部分。

一、政府行政部門

在「總統制」（presidential system）憲政體制之下，美國聯邦政府行政部門的職責在制定與執行法律和政策，其中與國防事務、軍事工業、武器裝備採購等職掌工作最相關者莫過於美國總統（負責領導聯邦政府行政部門），以及國防部（主管國防安全事務）。其中，國防部下轄各軍種，統籌管理與協調全軍種各類型武器裝備研發、生產製造、採購、維修全盤流程。儘管如此，國防部大多將基本軍需用品、常規武器、基礎建設外包予私人公司企業，再加上這些品項與一般民生用品的製程標準、規格不同，令承包商也容易因此與國防部建立緊密的合作關係。

其次，在美國政黨政治（party politics）體制運作下，總統選舉的競選經費來源往往依賴候選人的募款，其中，私人軍工企業往往是資金的重要來源之一。此一在當選之前就已形成的利益關係，在候選人當選後，其執政、決策自然難以迴避總統與軍工複合體之間的關係與利益，此在共和黨（Republican Party）總統執政期間最爲明顯。無論是前總統George W. Bush在競選期間得到軍工企業的高額捐助，[16]在執政期間發動的阿富汗戰爭（2001）、伊拉克戰爭（2003），抑或是現任總統Donald J. Trump主張「美國優先」（America first）政策，因爲強調美國利益與安全的優先，實際上仍與軍工企業有著密切關聯。[17]相對於世界上大多數的開發中國家，美國已是一個高度主導且融入經濟全球化的國家，國內外安全格局的

16 William D. Hartung and Michelle Ciarrocca, "The Ties that Bind: Arms Industry Influence in the Bush Administration and Beyond," W*orld Policy Institute*, October 2004, http://www.worldpolicy.org/projects/arms/reports/TiesThatBind.html (Accessed 2017/6/25).

17 例如：Trump上任後即簽署更新美國軍隊裝備之行政命令，並且表示將增加國防預算，目標是要讓美軍成爲全世界最強的軍隊。見K. K. Rebecca Lai, Troy Griggs, Max Fisher and Audrey Carlsen, "Is America's Military Big Enough?," *New York Times*, March 22, 2017, https://www.nytimes.com/interactive/2017/03/22/us/is-americas-military-big-enough.html (Accessed 2017/6/25).

轉變，也牽動著政府行政部門與軍工企業之間的互動關係，具有關鍵決定性的角色。

二、民間軍工企業

在美國，軍工企業是眾多利益團體（interest groups）的其中一種類型，它們向來對美國外交、軍事政策具有不可忽視的作用。尤其是在911事件發生後，由於美國先後公布《美國國家安全戰略》、《國土安全國家戰略》等重要方針，在強調國家安全與利益之際，也引來各種團體的關切甚至介入，而軍工企業在此其中強調美國正面臨敵對勢力、潛在對手的新挑戰、新威脅，則成爲增購武器裝備最有力的憑藉，[18]自然是軍事工業發展最具活力的團體。

美國民間軍工企業大致可區分三類：第一，是指軍事工業生產集團，例如：Lockheed Martin、General Dynamics等15家公司，主要以產製軍事武器爲特色，產值比例超過50%至100%；第二，是指半軍事工業集團，例如：General Electric（GE）等9家公司，一方面是國防承包商，另一方面也經營民生工業產品。這類型公司的軍工產品約占總產值的25%至50%；第三，是指特別的軍工裝備生產集團，例如：Boeing、United Technologies等公司，這類型企業的軍工產品在總產值所占比例雖不高，惟因集團規模大，其軍工產品產值仍然可觀。[19]美國民間軍工企業歷經長期發展，以高度市場化、國際化、集中化，且因資本額高、規模大，突顯出研製武器裝備的能力與領先定位，爲美國軍事、經濟體系不可忽視的一部分。

三、國會

美國前副總統Al Gore在《驅動大未來》（The Future: Six Drivers of Global Change）書中曾感慨寫道：「美國已不再擁有功能健全的自我管理

18 李鳳亮編，《中國特色新型智庫建設研究》（北京市：中國經濟出版社，2016），頁163。
19 拓正陽，《超限帝國：美國實力揭秘》（北京市：新華出版社，2014），頁246。

能力……如果美國沒有得到大公司企業遊說者或是握有選舉資金特殊利益團體的認可，透過民主選舉選出的國會議員現在根本無法通過任何一部法案」。[20]這段話道出在美國三權分立憲政體制下，儘管國會是行使立法權的最高權力機構，惟當議員爲了累積競選資本，且爲日後勝選考量，往往會著眼於選區選民利益，以及利益團體在選舉期間慷慨的贊助。此等於開啓了利益團體介入國會選舉，甚至是政策制定過程。

美國參眾兩院的軍事委員會（Senate Armed Services Committee & House Armed Services Committee）和撥款委員會（Appropriations Committee）議員在國防戰略與政府財政預算方面握有決定性的影響權力。尤其是與民間軍工企業交往密切的議員，更能在必要時修改國防部的武器裝備訂單，而有助於軍工企業獲利。這種特別的國會政治生態關係，突顯出軍方、國會、軍工企業之間鉅額的利益糾葛，並且決定軍事工業體系運作型態。

四、智庫

源於第二次世界大戰時期，主要是在戰爭期間討論美國軍事戰略與作戰計畫之密室。時至今日，智庫在美國已常被用於外交決策、政治、經濟、軍事等攸關國家重大發展策略之評估與政策建議方面。在軍事工業體系中，民間軍工企業亦設有研究發展部門（research and development sections）。其中，著名的蘭德公司（RAND），即是由二戰結束後的道格拉斯飛行器公司（The Douglas Aircraft Company）研究發展部獨立發展起來的智庫。其他與美國國家安全、國防事務、軍事工業相關的智庫尚包括：胡佛戰爭、革命與和平研究所（The Hoover Institution on War, Revolution and Peace）、新美國世紀計畫（Project for the New American Century, PNAC）、美國企業研究所（American Enterprise Institute for Public Policy Research, AEI）、戰略暨國際研究中心（Center for Strategic and International Studies, CSIS）等等。這些智庫大多接受政府、國防事務

20 Al Gore, *The Future: Six Drivers of Global Change* (New York: Random House, 2013), pp. 90-140.

部門、軍工企業資助，甚至由軍工企業重要人士出任智庫要員，進而與國防事務、軍事工業體系建立關係，成爲軍工複合體重要組成部分。

上述軍工複合體四大部門在美國軍事工業體系中的關係是互賴且彼此制衡的，這些決策者與產官學研機構各自以不同形式與軍事工業、國防科技、國防事務、國家安全產生鏈結，並且影響彼此之間的關係，深深影響著美國政治。

第二節　俄羅斯軍工企業發展經驗

俄羅斯軍事工業發展得益於前蘇聯時期奠定的國防科技與產業基礎。儘管如此，自1991年12月蘇聯解體後，受到國家降低對軍事工業體系的資助，以及軍方武器裝備採購需求銳減等因素影響，設備逐漸老舊、科研人才大量流失，衝擊俄羅斯軍事工業能力，並且導致俄羅斯軍工企業紛紛改制。另一方面，俄羅斯在建國初期，本國經濟陷入困境，國力尚未恢復，導致國家在國際間的影響力驟降，再加上國際原物料價格上漲，令軍工企業研製成本大幅攀升、售價急遽增長，進而擴大軍工企業與軍方、國際武器出口市場的差距。

爲了保護軍事工業體系，俄羅斯政府著手制定明確的發展策略，並且增加資金支持。2011年3月，俄羅斯副總理Sergei Ivanov曾提出俄羅斯未來軍事工業發展的重點必須要能適應未來戰爭型態，對接未來作戰方式，並且規劃在後續十年中陸續投資3萬億盧布（約1,000億美元）於無線電電子系統等高科技研發與產製領域。[21]此一主張也得到時任俄羅斯總統Dmitry Medvedev的支持，強調政府必須儘速通過《2011-2020年國防工業綜合體改革聯邦專項計畫》，讓資金流向國防工業。[22]2012年3月，第三度勝選俄羅斯總統的Vladimir Putin就任後，亦著力於國防工業體系建設，

21 “Russia to Invest $100 bln in Defense Industry Until 2020,” *Sputnik*, March 21, 2011, https://sputniknews.com/military/20110321163131244/ (Accessed 2017/6/5).

22 鄭傑光，〈俄羅斯軍工改革及啓示〉，《國防科技工業》，第10期，2011年10月，頁80。

宣布要在短期內讓軍工企業現代化。[23]當前，俄羅斯國防工業規模僅次於美國，無論是地理位置、政治意識形態與中國大陸密不可分，其軍事工業體系改革轉型經驗也帶給中共許多參考借鏡之處，成爲另一個值得探討的國家。

壹、國防工業體系改革

俄羅斯軍事工業改革起始於1990年代初，惟在軍工企業資產大量、快速私有化的過程中，由於欠缺必要保護措施，導致國有資產、關鍵科技大量流失，也鑄下首次的國防工業制度改革被稱之爲「失去的十年」，以失敗告終。[24]然而，自21世紀起，俄羅斯政府再次以集團化、專業化思維，對國防工業產業結構進行調整，改以武器裝備類型、行業與工廠性質，組成具有科學研究與製造生產爲一體的國防工業體。在短短幾年中，原本多達1,600餘家的軍工企業，被合併成爲36家超大型的軍事工業綜合體，[25]再加上政府重新制定軍事武器裝備出口規範，賦予這些新組建的軍工企業集團具有武器裝備進出口權，開闢國際市場，獨立參與國際競爭。原本分散、體質虛弱的國防工業結構，再次拾回發展動力，成爲俄羅斯經濟結構中不可或缺的重要產業。

俄羅斯國防工業以保障國家武裝力量在武器、軍事裝備方面需求，以及開展民用高科技產品生產與出口爲主要任務。[26]因此，改革後的俄羅斯國防工業體系則是以「國防工業綜合體」（Defense-Industrial Complex；亦稱Oboronnyi-Promyshennyi Kompleks, OPK）作爲主要的運作形式。[27]

---

23 宋兆傑、曾曉娟，〈俄羅斯軍工綜合體：科技創新的重要平臺〉，《科學與管理》，第2期，2016年4月，頁20。

24 馮紹雷、相藍欣，《俄羅斯經濟轉型》（上海市：上海人民出版社，2005），頁312-328。

25 包括12家武器裝備總裝企業，主要生產飛機、直升機、航天器、坦克、艦船等裝備；13家武器系統生產企業；11家動力和其他配套設備生產企業，主要生產雷達、發動機、電子儀器、彈藥等。

26 魏雯，〈俄羅斯國防工業的轉型與調整〉，《航天工業管理》，第5期，2009年5月，頁38。

27 Steven Rosefielde, *Russia in the 21st Century: the Prodigal Superpower* (Cambridge: Cambridge University Press, 2005), p. 141.

這是一種集合軍事技術、裝備、彈藥設計和生產於一體之強大工業系統。俄羅斯在前蘇聯解體後，繼承了大約60%的經濟力量、70%的軍工企業、[28]80%的研製生產能力、85%的國防生產設備，以及90%的科技潛力。[29]基於穩定國家政治、經濟局勢，政府迅速對國防科技工業體系進行改革。由於不再實行共產主義，國家經濟自計畫管制經濟制度向市場經濟制度轉變，並且開始建立多種所有制之混合經濟。對於俄羅斯政府而言，必須設法將這些過去優秀的國防工業管理、設計、研發、製造等領域的人才團隊，以及物力、資源重新評估與整合。經過一番改革，至2014年底，俄羅斯軍工企業數量約有1,300餘家，人數從原本多達450萬人，降至200萬餘人，[30]分布於全國85個聯邦主體（federal subjects）的國防工業體系中工作。

經濟改革轉型後的俄羅斯國防工業科研院所和軍工企業採取自主經營模式，並且參照歐美自由市場經濟國家，實行軍方主導下的武器裝備採購制度。俄羅斯軍工企業所有制的形式，主要按照其重要性區分國家所有制、國有制與股份制相結合（部分私有化），以及股份制（完全私有化）三種形式。[31]其中，又以國家控制大多數股權之股份制企業爲主要形式。例如：俄羅斯政府規定在現有超大型軍事工業綜合體股份中，國家的股份不得少於51%，剩餘的股份才能售給私營企業或投資者。此外，和國家與國防安全相關之軍工企業，外資股份亦不得超過25%。[32]在俄羅斯，政府對軍工企業私有化的轉型過程相當謹慎，儘管主軸循著國有制軍工企業轉私營或是允許私營企業或部門進入國防工業，惟基於對私營化利弊之不同考量，其進程仍持續緩慢地進行。

近年來，俄羅斯政府仍著力於國防工業以及軍工企業力量重組與

28 呂彬、李曉松、姬鵬宏，《西方國家軍民融合發展道路研究》（北京市：國防工業出版社，2015），頁222。
29 李偉、趙海潮，〈透視俄羅斯國防工業特點及其發展趨勢〉，《國防技術基礎》，第12期，2006年12月，頁31。
30 宋兆傑、曾曉娟，〈俄羅斯軍工綜合體：科技創新的重要平臺〉，頁17。
31 馬傑、郭朝蕾，《國防工業管理與運行國際比較研究》（江蘇：南京大學出版社，2010），頁70。
32 呂彬、李曉松、姬鵬宏，《西方國家軍民融合發展道路研究》，頁124。

結構性改革，藉此激勵國防工業活力，提升國際競爭力。改革的重點聚焦於組建具有國際競爭力之「國防工業綜合體」，並已形成國防工業體系核心。這些大型軍工企業產值已占據俄羅斯國防工業總產值之60%，包括：聯合航空製造公司（United Aircraft Corporation）、聯合造船公司（United Shipbuilding Corporation）、聯合發動機製造公司（United Engine Corporation）、金剛石——安泰防空系統公司（Almaz-Antey Air and Space Defense Corporation），涵蓋航空、造船、無線電等領域。[33]

貳、產業管理體制與結構

受到世界各國精簡軍工企業趨勢影響，俄羅斯國防工業體系管理也反映出聯合或合併的經營運作特色，將國防訂單負荷低，以及非壟斷技術之設計局、研究所、工廠、企業予以整併。藉由建立大型企業集團作法，俄羅斯政府將國防工業體系中科研、設計、測試、生產、銷售、服務等職能統籌納入管理，實現國防工業政府管理機制調整、軍工企業所有制改革目標。若以2011年俄羅斯政府展開新一波國防工業改革計畫為界線，不僅寄望在2015年時，「國防工業綜合體」的產值能夠較20世紀末提高4.5倍，更將目光投向2020年。按照《2011-2020年國家武器計畫》，俄羅斯「聯邦工業和貿易部」亦制定《2011-2020年國防工業發展》聯邦專項計畫，並且針對航空、造船、電子、航天等領域訂定《2013-2025年航空工業發展計畫》、《2013-2030年造船業發展計畫》、《2013-2025年電子和無線電工業發展計畫》、《2013-2020年航天活動發展計畫》以及《工業發展和提升其競爭力》等具體政策計畫，目標在建立有競爭力、永續，以及結構平衡的工業體系。

除了制定相關政策計畫，俄羅斯政府亦增加國家國防預算額度，對軍工企業貸款擔保政策進行多次調整。2013年，俄羅斯實施新的信用貸款——金融機制，為跨區、跨行業之綜合性集團企業提供擔保和補貼，一

33 鄭傑光，〈俄羅斯軍工改革及啓示〉，頁81。

方面補助部分商業貸款利息，另一方面也進一步強化對國防工業結構的作用和支出管理問責。2016年，俄羅斯財政部、經濟發展部、工業和貿易部進一步採取優化信貸機制，以增加預算資金方式，代替部分貸款補助。俄羅斯希冀藉此提升國防工業能力，以及讓軍工企業通過國際質量管理認證。此外，國防工業綜合體必須具備高效的資產管理能力，確保國防軍備發展計畫，以及軍事技術合作計畫有效實施，進而能夠實現軍民兩用高科技產品與服務之市場化。

在政府管理體制設計方面，俄羅斯國防工業體系已經建立「總統／議會→聯邦副總理→實際權力執行機構」，政府亦針對許多涉及國防工業管理權力之執行機構進行改組，深化落實垂直管理體制。其中，又以「軍事工業委員會」（Military-Industrial Commission of the Russian Federation）的職能最受關注。該委會爲俄羅斯聯邦政府的常設機構，主要負責組織、協調與監督國防工業、軍事技術保障，以及國家安全政策執行等。[34]2013年2月，《俄羅斯聯邦政府軍事工業委員會條例》修訂，規定軍事工業委員會主席由俄羅斯政府主管國防工業的副總理擔任。此外，爲能有效管控國防訂單，亦擴大了軍事工業委員會協調監管的職能與權限，組建10個專業委員會，職責是在國防部與軍工企業間，針對全軍軍、兵種武器裝備研發和生產等問題進行協調。例如：價格協調委員會，即在負責協調國防部與軍工企業間難解的價格差異問題。

爲了進一步強化政府對國防訂單契約執行，以及國防政策落實之監督職能，俄羅斯政府於2015年1月裁撤國防訂貨局，並於2015年建立跨部門的訂單監控系統。這套系統建立了俄羅斯國防部、中央銀行、金融機構之間有關國防訂單信息交換，且藉此系統希冀提升國防工業體系運作的透明度，防止國防訂單產品在買賣過程中發生腐敗情事。除此之外，這套系統也有助於解決產製單位與客戶之間的協調聯繫問題，解決包括資金轉帳、訂單預付款延遲付款等問題。當前俄羅斯國防工業持續朝向集團化、專業

34 Susanne Oxenstierna and Bengt-Göran Bergstrand, “Defence Economics,” in Carolina Vendil Pallin (ed.), *Russian Military Capability in a Ten-Year Perspective-2011* (Stockholm: Swedish Defense Research Agency, 2012), p. 49.

化方向進行結構調整，且為了降低國防工業領域進口依賴性，於2015年8月成立「進口替代委員會」，持續推進進口替代工作，確保國防工業現代化進程之穩定與持續。[35]

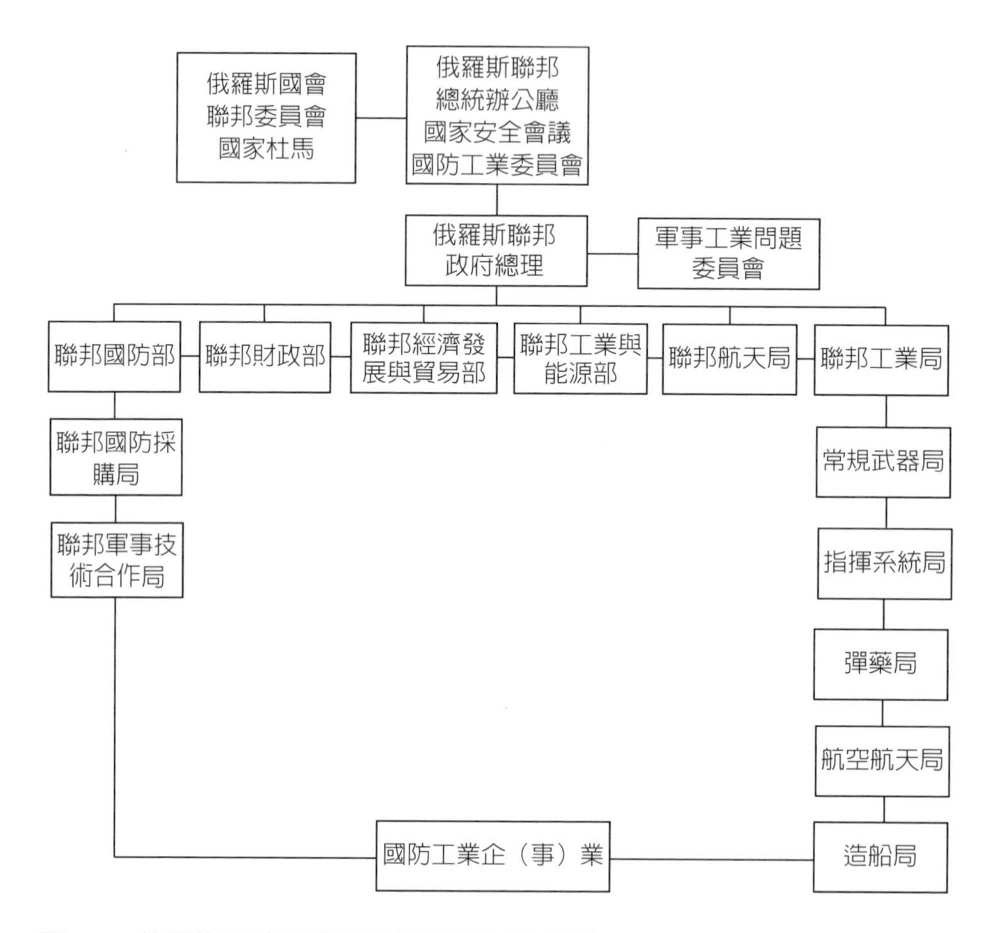

圖 2-2　俄羅斯國防工業體系管理運作示意圖

資料來源：筆者自行繪製。

35 武坤琳、龐娟、朱愛平，〈俄羅斯國防工業改革與發展進程〉，《飛航導彈》，第12期，2016年12月，頁29。

參、「以軍帶民」之軍民結合發展模式

受到過去前蘇聯時期「軍民分離」模式影響，俄羅斯國防工業發展的特色顯現在以軍帶民之「軍民結合」模式。[36]在改革轉型過程中，俄羅斯一方面欲避免軍民分離的弊端，也無法完全割捨過去國防工業體系之大型常規武器裝備以及核子武器等工業遺產，[37]因而選擇「軍轉民」折衷作法，先以兼顧軍民兩用技術作爲國防工業體系和軍工企業整併主軸，冀能同時保有軍事技術優勢與強大的國防工業，以及對提升國內民用高科技裝備建設，增進國家綜合國力與回歸國際政治經濟大國地位而服務。[38]

俄羅斯自總統Putin於2000年擔任第二任總統以來，即重視國家國防工業體系中軍工企業「軍轉民」之政策推動。首先，他於2000年頒布《俄羅斯聯邦對外軍事技術合作委員會條例》總統令，設立以聯邦總統爲領導人、國防部爲協調方之「俄羅斯聯邦對外軍事技術合作委員會」，2001年再頒布《俄羅斯軍事貿易條令》總統令，用以協調各政府部門對軍工企業的管理權限，提高俄羅斯國防工業品貿易效率。而後續訂頒之《俄羅斯聯邦對外軍事技術合作程序實施條例》（2005年）、《俄羅斯技術工藝國家集團法》（2007年）等法規，皆在解決軍品出口貿易和資金融通問題。[39]在國防工業體系戰略規劃方面，亦可溯及2001年7月公布之《2001-2006年俄羅斯國防工業改革和發展規劃》。這項計畫要求在國家經濟轉型過程，必須關注軍民兩用技術開發與應用，並且要確保高技術武器裝備研製生產能力。在軍工企業調整方面，則是要建立大型軍民聯合集團，一方面繼續承製武器裝備等軍品研發、生產任務，也必須在國內外開展軍民兩用技術產品市場，以及尋求國際合作，將科技成果產業化，並且增進競爭力，實現軍民兩用產品雙向互利互惠目標。[40]

俄羅斯軍民兩用技術的產值約占國防工業的70%，顯見其科研與生產

36 秦紅燕、胡亮，《中國國防經濟可持續發展研究》，頁11。
37 李偉、趙海潮，〈透視俄羅斯國防工業特點及其發展趨勢〉，頁31。
38 呂彬、李曉松、姬鵬宏，《西方國家軍民融合發展道路研究》，頁22。
39 杜穎、章凱業，〈俄羅斯國防工業軍轉民介評及啓示〉，《科技與法律》，第5期，2015年10月，頁1045-1046。
40 于川信編，《軍民融合戰略發展論》（北京市：軍事科學出版社，2014），頁129。

的潛力雄厚，這種「軍民結合」發展模式強調利用軍事技術優勢，轉移至民生工業，一方面能夠分散國防工業體系的成本與風險，亦能爲國家基礎產業、農業、科技發展而服務，進而帶動民用技術提升與民品市場活絡。它攸關政治、經濟、社會、軍事的綜合發展，成爲俄羅斯國防工業發展特色，未來待技術轉移政策持續落實，其「軍民結合」的效果會更加顯現。

肆、國防工業綜合體

對於俄羅斯而言，「國防工業綜合體」、「軍事工業綜合體」兩者的意義不盡完全相同。首先，「國防工業綜合體」主要是指前蘇聯解體後，俄羅斯政府整併許多同類型的軍工企業，同時在改革過程中，重新檢討國防資源合理化和優化配置問題，進而以集約方式將資金、人才、產製能力用於高科技武器研發。另一方面，「國防工業綜合體」除了能夠研製作戰技術工藝和新式武器，出口作戰用途產品外，也能夠設計、生產高科技的民用產品。這是一種多功能的工業領域，主要以戰略性的企業或股份有限公司組成，[41]並且由俄羅斯總統核定名單。其次，「軍事工業綜合體」主要是指前蘇聯解體前的工業體系，由於強調冷戰時期的軍事實力對抗，國家發展軍事不僅獨立於經濟發展之外，更因注重研發的保密性，讓軍工產業成爲世界上最龐大的工業體系。

俄羅斯持續藉由「國防工業綜合體」改革，克服國家經濟發展瓶頸、奠定軍事基礎、增進武器裝備競爭力，以及調動社會資本投資國防領域，[42]主體包括科研單位（學理評估）、設計局（製作武器構型）、實驗室與發射場、生產企業（量產製造）。[43]在行業類型方面，區分：核工業、航空工業、導彈——航天工業、武器彈藥與特種化學工業、兵器工

41 主要包括：第一，俄羅斯聯邦中生產具有戰略意義，能夠保衛國家與國防安全，以及保護國民道德、人身、法定權益的企業。第二，由國家控股和參與管理，能夠保障國家戰略利益，國家與國防安全，以及保護國民道德、人身、法定權益的股份公司。

42 P. A. Kokhno, "Defense-Industry Enterprises in the Competitive Intelligence-Competitive Production System," *Military Thought*, Vol. 19, No. 4, December, 2010, pp. 84-104.

43 宋兆傑、曾曉娟，〈俄羅斯軍工綜合體：科技創新的重要平臺〉，頁16。

業、裝甲武器工業、無線電工業、通信工業、電子工業、造船工業、特殊用途工業等領域。這些軍工企業分屬俄羅斯政府部門不同的行業管理局管轄，例如：航空航天局管理航空工業、航天工業；常規武器局管理兵器工業；彈藥局管理彈藥與特種化學工業；造船局管理造船工業；系統管理局管理無線電工業、通信工業、電子工業；科技部管理特殊用途工業。

俄羅斯「國防工業綜合體」經過不斷摸索調整，大多數的企業皆已邁入穩定發展軌道，表現出創新活力。受到國家對國防工業的支持以及實際的資金挹注，在2020年以前，俄羅斯政府計畫撥款20萬億盧布（約7,000億美元）予俄羅斯軍隊和國防工業綜合體。在市場經營方面，國防工業綜合體除了積極拓展國際市場，擴大武器裝備出口市場，也兼顧國內市場，向生產經營多元化方向轉型，力求長期發展。[44]儘管從數量規模方面分析，「國防工業綜合體」的數量較「軍事工業綜合體」時期的數量明顯減少，生產能力和水準各異，惟總體而言，科研、設計、生產、銷售與維修等技術實力依舊堅實，其生產量約占全國工業總量的5%至6%，貢獻國家GDP的比例約占3%至4%。[45]它們不僅是國家經濟增長重要支撐，更是軍事力量重要保證。[46]

第三節　中國大陸國防科技工業發展現況

國防科技工業發展規模和方向不僅是建軍基礎，伴隨政治影響力與經濟效應，也同時反映出國家戰略目標指向以及綜合國力強弱。[47]本章以美、俄兩國國防與軍工產業改革轉型過程爲例，意在說明這項戰略性產業在不同國情、軍情環境條件下各自展現獨特性，兩國不遺餘力打造屬於本國國防科技工業體系而不受制於人的目標更深深影響中國大陸。做中學，

44 王仰正、趙燕、牧阿珍，《俄羅斯社會與文化問答》（上海市：上海外語教育出版社，2014），頁149。

45 宋兆傑、曾曉娟，〈俄羅斯軍工綜合體：科技創新的重要平臺〉，頁17。

46 王酈久，〈俄羅斯軍工綜合體改革及前景〉，《國際研究參考》，第10期，2013年10月，頁20。

47 趙超陽、魏俊峰、韓力，《武器裝備多維透視》（北京市：國防工業出版社，2014），頁86-87。

學中做，中共鑑於技術與制度的引進、模仿、學習，並且結合國內政治因素、經濟條件、工業基礎等方面之戰略考量，採用「後發優勢」[48]思維，以國家主導、需求引導、市場運作策略，重整軍民融合十一大軍工集團體系，力圖走一條富國強軍的現代化道路。

壹、國防科技工業改革理路

中共建政初期，在當時國際與國家內部政治經濟環境影響下，領導人毛澤東亟待解決的問題包括：第一，擺脫在計畫經濟制度下困窘的經濟情況；第二，強化解放軍軍隊建設，提升國家防禦能力。基此，中共借鑑前蘇聯國防工業軍民分線建設模式，將原本設置於「重工業部」，主管全國兵工生產和建設之「兵器工業總局」改制成立「第二機械工業部」（簡稱：二機部），主管國防工業。在這種獨立體系運作之下，中共很快地就發現將國防工業與民生工業分開發展，軍工企業不能生產民用產品，不符合國民經濟發展需求的問題必須改變。1956年時值中共實行「一五計畫」（1953-1957年）期間，儘管當時中共引進蘇聯和東歐的技術大幅提升解放軍現代化程度，甚至在當時也成功創造9.3%的GDP增長率，堪稱是1950年代後發國家工業化的成功案例，[49]惟毛澤東仍然分別在1月份的最高國務會議上指出：「國防工業在生產上也必須注意軍民兩用，注意學會軍用和民用的兩套生產技術，要有兩套設備，平時爲民用生產，一旦有事，就可以把民用生產轉化爲軍用生產」；[50]隨後在4月份聽取「二五計畫」會報時再提出：「學習兩套本事，在軍事工業中練習民用產品的本

48 是指推動工業化的後起國家自身擁有的特殊益處，通常表現在經驗借鏡、科學技術文化利用、產業轉移等方面。見Alexander Gerschenkron, *Economic Backwardness in Historical Perspective: a Book of Essays* (Cambridge: Belknap Press of Harvard University Press, 1962), p. 344；孫來斌，《中國夢之中國復興》（湖北：武漢大學出版社，2015），頁176-177。

49 趙寧，《中國經濟增長質量提升的制度創新研究》（武漢：湖北人民出版社，2015），頁79。

50 龐天儀，《光輝的歷程——紀念人民兵工創建五十五週年》（北京市：兵器工業部，1986），頁92-93。

事，在民用工業中練習軍事產品的本事」要求。[51]1957年起，二機部按照毛澤東的指示，訂出「平戰結合、軍民結合、以軍為主、以民養軍」之國防科技工業具體方針，至1959年時，軍工企業民品產值曾達到國防科技工業總產值的52%。只是隨著中共政局的變化，此一「軍轉民」作法到了1960年落得了「不務正業」評價，最後又再次回到生產軍品的路線，並且持續至1978年。[52]

1978年12月，中共結束十一屆三中全會後，確立了以鄧小平為核心的第二代領導集體。基於對經濟建設與改革開放的新形勢，也對國防和軍隊建設服從、服務於經濟建設做出明確定位。1982年1月，鄧小平提出「軍民結合、平戰結合、軍品優先、以民養軍」建設指導方針，國防科技工業又一次回到「軍轉民」發展主軸。[53]1984年11月，鄧小平在軍委座談會上再提到：「國防工業設備好、技術力量雄厚，要充分利用起來，加入到整個國家建設中去，大力發展民品生產，這樣做，有百利而無一害」。[54]自此之後，中國大陸國防科技工業體系開始結合國民經濟建設，並且在此主軸下，訂定軍工企業運作相關制度。在鄧小平主政時期，提出的「軍品優先」要求有別於毛澤東時期的「以軍為主」政策，其中最大的差異在於生產分配方面，軍品所占比例並不一定是最高，其重要性只是在任務上具有優先性。軍工企業必須設法打開生產民品門路，儘管困難，仍然在中共推動下轉型。

1989年6月，中共在十三屆四中全會選出江澤民為第三代中央領導集體核心，確立國防建設與經濟建設「兩頭兼顧、協調發展」戰略思想，並且於1993年11月召開的十四屆三中全會提出「軍民結合、寓軍於民、大力協同、自主創新」方針來建立國防科技工業體系。[55]在此時期，中國大陸面對的主要是冷戰結束後，各國轉向經濟與高科技競爭的國際環境。第一

51 當代中國研究所編，《毛澤東與中國社會主義建設規律的探索：第六屆國史學術年會論文集》（北京市：當代中國出版社，2007），頁191。

52 曹世新，《中國軍轉民》（北京市：中國經濟出版社，1994），頁11。

53 張遠軍，《國防工業科技資源配置及優化》（北京市：國防工業出版社，2015），頁38。

54 鄧小平，《鄧小平文選第3卷》（北京市：人民出版社，1993），頁99。

55 周立存，《強軍興軍的科學指南：黨在新形勢下的強軍目標重大戰略思想研究》（北京市：國防大學出版社，2014），頁57。

次波斯灣戰爭（1990年8月）、科索夫戰爭（1999年3月）相繼爆發帶來的軍事事務革新，令中共開始著重國防與經濟建設協調發展和信息化建軍問題，朝向建立具有中國特色的國防科技工業體系，以及軍隊後勤社會化保障體制方向發展。2002年11月，中共政權邁入胡錦濤主政時期，在國防科技工業發展主軸不變的情形下，中國大陸第十屆全國人民代表大會於2006年3月第四次會議審議通過「十一五規劃」，首次將國防和軍隊建設規劃納入國家經濟社會發展的總體規劃中。[56]次年10月，在中共十七大時，亦提出要「建立和完善軍民結合、寓軍於民的武器裝備科研生產體系、軍隊人才培養體系和軍隊保障體系，堅持勤儉建軍，走出一條中國特色軍民融合式發展路子」。[57]可見在此時期，中共更進一步將國防和軍隊現代化建設以及經濟社會發展結合，國防與經濟建設融合式發展特色日益顯著。

2012年11月，中共在十八大進一步強調「堅持走中國特色軍民融合式發展路子，堅持富國和強軍相統一」；2013年的十八屆三中全會通過的《中共中央關於全面深化改革若干重大問題的決定》，亦提到推動軍民融合深度發展戰略思想，[58]突顯在習近平主政時期，將軍民融合視爲實現富國強軍目標之戰略核心。[59]其內涵包括：武器裝備科研生產體系、軍隊人才培養體系、軍隊保障體系、國防動員體系、科技資源體系的軍民融合。[60]

56 本書編寫組，《〈國民經濟和社會發展第十一個五年規劃綱要〉學習輔導》（北京市：中共中央黨校出版社，2006），頁269-276。

57 中共中央文獻研究室編，《十七大以來重要文獻選編（上）》（北京市：中央文獻出版社，2009），頁33。

58 畢京京、張彬編，《中國特色社會主義發展戰略研究》，頁339。

59 中國人民解放軍總政治部編，《習近平關於國防和軍隊建設重要論述選編》（北京市：解放軍出版社，2014），頁96；李升泉、李志輝編，《說說國防和軍隊改革新趨勢》，頁218-220。

60 王壽林，《黨的創新理論研究文集：政治理論卷》（北京市：藍天出版社，2015），頁182-184。

貳、國防科技工業發展策略

中共欲發展國防科技工業藉以同步帶動軍事與經濟增長，其主要策略包括國家主導、需求引導、市場運作三個部分。對於中共而言，這種策略是從國防經濟發展經驗而形成。例如：在1998年時，中國大陸曾出現60%的國防工業處於虧損狀態，損失達到64億人民幣，[61]且整體產業鏈大多在製造陳舊裝備。[62]這個時期的國防工業體系既冗贅又缺乏效能，[63]再加上國際間軍事事務革新的衝擊，促使中共重整軍務，除了重組國防科工委、成立解放軍總裝備部、將國防生產工業逐步改組成立十一家大型軍工集團，[64]也將資金投入國防研發領域，關注武器研發、管理、創新，以及基礎技術應用，對國防科技工業發展產生積極顯著的正面影響。

一、國家主導

是一種以強調頂層設計與推動為特色之產業發展模式，其內涵包括由國家來統一領導、統一組織、統一實施。[65]另一方面，若從「後極權資本主義發展國家」（Post-Totalitarian Capitalist Developmental State）的發展模式而論，以國家為中心的發展方式亦印證了中共採用「由上至下」的相同發展策略進行軍事與經濟建設。這種策略展現出國家主導政策的積極性，以及由政府創造環境，一方面要求軍方開放民間參與國防科技工業項目與種類；另一方面亦促進民間產業積極加入國防科技研製工作，進而逐步實現軍民融合政策目標。

61 張玉峰，《大學生學習鄧小平理論論文集》（上海市：華東理工大學出版社，1999），頁1-5。

62 錢春麗、侯光明，〈我國裝備採辦組織管理體制現狀及改革思路〉，《軍事經濟研究》，第29卷，第3期，2008年3月，頁58-59。

63 劉可夫，〈歐、美、蘇軍工管理模式簡介〉，《外國經濟與管理》，第12期，1988年12月，頁38-39。

64 是指中國核工業集團有限公司、中國航天科技集團有限公司、中國航天科工集團有限公司、中國航空工業集團有限公司、中國航空發動機集團有限公司、中國船舶工業集團有限公司、中國船舶重工集團有限公司、中國兵器工業集團有限公司、中國兵器裝備集團有限公司、中國電子科技集團有限公司、中國電子信息產業集團有限公司。

65 于川信編，《軍民融合戰略發展論》，頁306。

中共將國家主導視爲推進軍民融合戰略發展之基本原則，無論是政策、制度，或是機制，有關國防科技工業、軍民融合人才培養、國防基礎設施建設等領域，都是在國家主導下推動。

二、需求引導

主要是指將國防科技工業發展必須以維護國家安全與經濟發展利益爲核心考量。中國大陸2015年5月公布之《中國的軍事戰略》指出：軍事力量建設發展以國家核心安全需求爲導向，不斷提高軍隊應對多種安全威脅、完成多樣化軍事任務的能力。[66]可見中共講求需求引導，主要是要根據解放軍能夠有效因應各種類型安全威脅，達成多樣化軍事任務能力爲著眼，進而提出國防與軍事建設相關需求，同時納入軍方與民間資源，帶動國防軍隊建設與地方經濟社會發展。

需求引導主要關注的面向包括軍民雙方需求主體，以及明確挹注需求目標，進而釐清必須帶動的對象與營造適切的發展環境。當軍民融合發展策略逐漸在國防科技工業領域逐漸深化後，中國大陸國防科技工業研製重點關注的是主體、空間、距離，以及視野四大部分，中共寄望能夠將國防科技工業帶入良性發展循環，兼顧軍地雙方利益，同時滿足軍事建設中須在陸、海、空、天，遠、中、近，以及宏觀與微觀視野中之實際需求。

三、市場運作

主要是指中共在發展國防科技工業之際，不能自外於國家在經濟全球化之市場經濟的運作以及社會經濟層面的影響。儘管中國大陸的經濟體制並不同於自由資本主義下的市場運作規則，惟無論如何，已經遠離計畫管制經濟體制的中國大陸，除了在產業政策上仍然突顯國家主導之重要特色外，包括國有、私營企業在內之軍工集團、研發與生產製造單位，都受到社會經濟整體發展約制，其軍民之間的融合、運作更須在市場機制之下才

66 〈中國的軍事戰略〉，《中華人民共和國國務院新聞辦公室》，2015年5月26日，http://www.scio.gov.cn/zfbps/ndhf/2015/Document/1435161/1435161.htm（瀏覽日期：2017年4月28日）。

能健全發展。

中國大陸國防科技工業必須兼顧效應與利益，在市場機制作用下，中共欲匯聚資金、技術與資源等多方面向，提升國家防務建設質量，並且將國防建設成果反饋於經濟社會領域，讓國防建設與經濟社會發展之間保持相互支應之融合發展關係。此外，透過市場機制運作，能夠在價格、供需，以及競爭關係中自然形成調節，讓軍民體系之資源配置，以及國民營企業主體能夠在市場環境中形成開放競爭格局，進而有助於軍民融合深化發展。

軍民融合已成爲中國大陸國防科技工業與國家發展主要戰略之一，因此，近年來可以發現在眾多武器裝備或是國家戰略性新興產業發展成果的背後，皆具有這種將軍民資源相互協調、整合的成果。其中，在中共黨國體制之下，國家系統的主導與功能成爲融合的關鍵。另一方面，比較中國大陸國防科技工業發展歷程，可見中共近年來在積極投入科技人才、資金、資源，在核工業、船舶、飛機、車輛、航天、電子通訊等領域形成發展重點，確實在技術、設備、產品等方面獲得大幅進展。這種有助於軍民互利的發展策略，讓中共得以迴避偏重國防工業或唯經濟發展的片面發展策略。[67]

參、國防科技十一大軍工集團

中國大陸十一大軍工集團是由國務院直接管理，國家授權的投資機構。這些集團公司的前身，在1980年代的名稱分別是第二至第七機械工業部，隨著當時中共實行改革開放政策，爲了改變政府職能，改組成立「中國核工業總公司」、「中國航天工業總公司」、「中國航空工業總公司」、「中國船舶工業總公司」、「中國兵器工業總公司」，亦被統稱爲五大軍工集團。1999年7月1日，中共再導入競爭機制，將原本分管核子、航天、航空、船舶、兵器領域之五大軍工集團行政總公司，拆分組建爲十

67 肖振華、呂彬、李曉松，《軍民融合式武器裝備科研生產體系構建與優化》，頁8。

大軍工集團，一方面持續研製高科技武器裝備，另一方面也推動民用產業發展。而當前吾人所稱之十一大軍工企業，則是在原本的十大軍工集團運作基礎上，繼續改組、運轉，再加上中國電子信息產業集團有限公司、中國電子科技集團有限公司，以及2008年6月合併中國航空工業第一集團公司、中國航空工業第二集團公司爲中國航空工業集團有限公司，和2016年8月28日成立之中國航空發動機集團有限公司。這些集團有限公司不僅已成爲中國大陸特大型國有重要骨幹企業，具有國民經濟建設重要功能，於2013年4月15日，受到中共首次提出「總體國家安全觀」和「中國特色國家安全道路」等國家安全政策影響，更攸關國防軍力現代化。中共對十一大軍工企業的經營與運作方式受到美、俄兩個工業大國影響，卻又有所不同。表2-3針對其發展現況進行概要式整理與介紹。

表 2-3　中國大陸十一大軍工集團營運情形

集團名稱	成立時間	總部	技術領域	成果產品
中國核工業集團有限公司	1999年7月1日	北京市	負責核動力、核材料、核電、核燃料、乏燃料和放射性廢物的處理與處置、鈾礦勘查採冶、核儀器設備、同位素、核技術應用等核能及相關領域的科研開發、建設、生產和經營任務。	原子彈、氫彈、核潛艇。
中國航天科技集團有限公司	1999年7月	北京市	宇航系統、導彈武器系統、航天技術應用產業和航天服務業。	運載火箭、應用衛星、載人飛船、空間站、深空探測飛行器等宇航產品及全部戰略導彈和部分戰術導彈等武器系統。
中國航天科工集團有限公司	2001年7月成立、2017年11月22日改制	北京市	航天防務、信息技術、裝備製造、智慧產業。	防空導彈武器系統、飛航導彈武器系統、固體運載火箭及空間技術產品。

表 2-3　中國大陸十一大軍工集團營運情形（續）

集團名稱	成立時間	總部	技術領域	成果產品
中國航空工業集團有限公司	2008年11月	北京市	軍用航空、民用航空、非航空民品及現代服務業。	航空武器裝備、軍用運輸類飛機、直升機、機載系統與汽車零部件等。
中國航空發動機集團有限公司	2016年8月	北京市	航空發動機與燃氣輪機製造。	軍民用飛行器動力裝置、第二動力裝置、燃氣輪機、直升機傳動系統、航空發動機。
中國船舶重工集團有限公司	1999年7月1日	北京市	軍船、民船造修船、船舶裝備、船舶技術開發、進出口。	潛艇、導彈驅逐艦、導彈護衛艦、導彈快艇、兩棲艦艇；油船、化學品船、散貨船、集裝箱船、滾裝船等各類工程船舶。
中國船舶工業集團有限公司	1999年7月1日	北京市	船舶造修、海洋工程、動力裝備、機電設備、信息與控制、生產性現代服務業。	設計科研、軍用艦艇、民用船舶、修船、鋼結構、海洋工程、船用設備。
中國兵器工業集團有限公司	1999年7月1日	北京市	防務產品、石油、礦產、國際經濟技術合作及民品專業化經營。	坦克裝甲車輛、壓制武器、制導武器、彈藥、機載武器系統、艦砲產品、防空系統、岸防和邊境監控、無人平臺、雷達和光電產品、步兵武器、反恐防暴、工程裝備及軍工項目。
中國兵器裝備集團有限公司	1999年7月1日	北京市	軍品產業、汽車產業、輸變電、裝備製造、光電信息、金融服務。	特種裝備、汽車、乘用車。
中國電子信息產業集團有限公司	1989年5月	北京市	新型顯示、網路安全和信息化、集成電路、信息服務。	集成電路與關鍵元器件、軟件與服務、專用整機及核心零部件、新型平板顯示、現代電子商貿與園區服務。

表 2-3 中國大陸十一大軍工集團營運情形（續）

集團名稱	成立時間	總部	技術領域	成果產品
中國電子科技集團有限公司	2002年3月1日	北京市	軍民用大型電子信息系統的工程建設、重大裝備、通信與電子設備、軟件和關鍵元器件。	預警機、載人航天、探月工程。

資料來源：筆者參照各軍工集團有限公司官網公開資料彙整。

說明：2018年1月31日，中國大陸國務院已核准中國核工業集團有限公司與中國核工業建設集團有限公司實施重組。中國核工業建設集團有限公司整體無償劃轉進入中國核工業集團有限公司，不再作爲國資委直接監管企業。至此，中國大陸國有軍工企業由原本的十二大軍工集團，減少爲十一大軍工集團，惟六大領域並未改變。

第三章　選擇
從三線建設到軍民融合的國防科技工業蛻變之路

檢視中國大陸國防科技工業蛻變之路，除了來自外國發展經驗的影響，更有著中共建政後國家政治經濟環境的內部因素。本章針對中共毛澤東、鄧小平、江澤民、胡錦濤、習近平五位領導人主政時期推動、實行之國防科技工業主要發展策略進行深入探討。首先，從時序變遷而論，包括自1950年代國防與經濟建設並重，至1960年代以國防建設爲優先，再至1970年代以經濟發展爲優先，以及1990年代經濟與國防建設協調發展，最後至2000年後經濟與國防建設融合發展等五大階段。[1]其次，從政策制定而論，則是以爲了因應「早打、大打、打核戰爭」形勢而建立之「三線建設」；爲「應對和打贏局部戰爭」需求採取之「軍民結合」作法，以及打贏信息化條件下局部戰爭推動之軍民融合深度發展策略最具重要性。

這段涵蓋中共建政初期、國家改革開放時期，以及科學發展時期之國防科技工業調適與變遷，具有路徑依賴特色。中共的策略選擇、政策制定更是深受領導人對於科技應用之各自不同見解，而對國家國防科技工業發展道路產生決定性的影響。中共想要爲國防建設和軍隊現代化找到雄厚的物質支撐，也要爲經濟活動的增長覓得安全保障，無論路線爲何，必須在國防與經濟之間謀求符合國情軍情、中國夢與強軍夢均衡發展之道。

1　劉茂傑編，《強軍夢》（北京市：軍事科學出版社，2014），頁316-320。

第一節　建政初期：三線建設

「三線建設」亦被稱爲內地建設，主要是指1964至1978年，在中國大陸中西部腹地10餘個省、自治區實行的一場以戰備爲中心，以工業交通、國防科技爲基礎之戰略後方軍事工業基地建設。從地理面向而論，「三線」遍及中國大陸13個省、市、區，並且成功達到將國家建設重點自東部向西部遷移，鞏固後方的戰略目標。其次，從推動過程而論，「三線建設」歷時十五年，跨越三個國家發展五年計畫，並且涉及上千萬人次之民工、幹部、知識分子、解放軍共同參與。儘管檢視中國大陸國防科技工業發展史，可以發現這項因應中共建政初期國際安全情勢，以及國內產業配置所做之戰略性考量，最終仍因配合改革開放政策，自1983年展開新一波的軍工企業調整改造，惟產業基礎和發展經驗，卻替往後國防科技工業體系奠定厚實基礎，成爲國防科技工業蛻變之路不可遺漏的重要一環。

壹、三線建設由來

1964年，中國大陸面臨的國內外環境大致呈現國內經濟好轉，惟國際上安全威脅形勢卻複雜難料。儘管當時中共正著手制定國家第三個五年計畫（1966-1970年），惟基於對韓戰、越戰，甚至臺海兩岸軍事對峙等周邊安全情勢之體察，中共於5月份召開的中央工作會議上也商討「三線建設」問題，並且提出集中力量、爭取時間、建設三線，以防備外敵入侵之戰略決策。因此，中共建設「三線」有其歷史要件，包括對內在經濟條件下合理化生產力配置，以及對外做好防止外敵入侵。

一、國際因素

1960年代，中國大陸面臨來自國際上的威脅同樣受制於美國與前蘇聯積極推動的擴張政策。其中，自1955年爆發的越戰，以及美蘇兩國支持印度，1962年10月20日至11月21日發生的中印邊境戰爭，令中共對西部、北部邊境安全感到擔憂。首先，中共發現美國在結束韓戰後，仍在亞洲積極部署軍力，包括日本、南韓、菲律賓、越南、泰國，甚至臺灣皆設有軍事基地，再加上美國支持柬埔寨內戰，以及兩岸對峙緊張局勢難以消解，讓中共必須防備來自東部、南部之軍事威脅。中共深感邊境不安，外敵入侵的潛在可能性持續上升，必須有一套有效的因應策略。1966年4月2日，中國大陸國務院總理周恩來在面見來訪的巴基斯坦總統Mohammed Ayub Khan時曾經提到：「中國是做了準備的。如果美國把戰爭強加於中國，不論它來多少人，用什麼武器，包括核子武器在內，可以肯定地說，它將進得來，出不去。……美國侵略者不管來多少，必將被消滅在中國」。[2]由此可見中共當時對越戰以及時任美國總統的Lyndon B. Johnson政府防備態度極為強硬。

中共另一個擔憂的大國威脅是前蘇聯當權者Nikita Sergeyevich Khrushchev極力推行的大國沙文主義（Chauvinism）。自1960年起，中蘇關係日益惡化，除了終止中蘇友好同盟互助條約，以及上達數百項經濟技術合作協議外，1962年亦相繼發生許多不利於中蘇關係發展事件，令中共感受到國家正陷入戰略包圍態勢威脅。此外，1962年4月新疆再發生「伊塔事件」，使兩國關係更加惡化。[3]1964年後，繼任的蘇共總書記Leonid Ilich Brezhnev繼續增加蘇中邊境駐軍達到100萬軍隊，其軍事力量也向中蒙邊境推進，且在蒙古建立了導彈基地。前蘇聯對中國大陸形成由北至南的軍事壓力，兩國緊張關係難以緩和。[4]檢視中蘇兩國關係交惡時期對中共帶來的安全威脅隱憂，除了雙方在國際共產主義運動方面的嚴重分歧外，Khrushchev明確拒絕毛澤東發展核武器，以及不支持擁有導彈技術，更加劇中共產生「去掉依賴」蘇聯思想。[5]除了直接來自前蘇聯不友好的舉動和辭令外，在中國大陸與印度的邊境爭端中，前蘇聯亦公開表態支持

2　譚合成、江山編，《世紀檔案：影響20世紀中國歷史進程的100篇文章》（北京市：中國檔案出版社，1995），頁458。

3　沈志華編，《中蘇關係史綱：1917-1991》（北京市：新華出版社，2007），頁307-315。

4　當代中國研究所，《中華人民共和國史稿第3卷（1966-1976）》（北京市：當代中國出版社，2012），頁176。

5　陶文釗，《中美關係史修訂本第2卷（1949-1972）》（上海市：上海人民出版社，2016），頁276-277。

印度，並且願意提供軍事裝備支援。[6]眾多跡象顯示，中共深感其北方與西部地區亦已遭受嚴重安全威脅。

上述這些重大史實透露出，1960年代初期的中國大陸得慎防來自美、蘇兩個大國的入侵威脅。儘管蘇聯曾是中共最佳盟友，曾協助在西北、華北、東北地區建設許多重要的國防設施和工業企業，惟當外交關係生變，隨之而來的則變成是安全威脅與危害，且令中共領導高層必須積極採取因應對策。

二、國內因素

產業與生產力的均衡配置，是中共推動「三線建設」的主要考量。1956年4月25日，毛澤東在中共中央政治局擴大會議上提到（後被稱為〈論十大關係〉）：「沿海的工業基地必須充分利用，但是，為了平衡工業發展的布局，內地工業必須大力發展。……新的工業大部分應當擺在內地，使工業布局逐步平衡，並且利於備戰」。[7]另外在1958年3月，毛澤東也在中共中央「成都會議」上對建設戰略大後方問題，指示要積極籌建攀枝花鋼鐵基地，以改善國內工業布局。[8]這些中共領導人對國家內地工業建設和產業布局的認知，成為後續推動國防科技工業「三線建設」之政策依據。1958至1962年是中共實行第二個五年計畫期間，基於毛澤東的指示，內地工業開始受到重視，只是在當時受限於「大躍進」[9]政治意識形態和技術本位不足等因素影響，原定計畫並未如質達成，重大工程面臨停建或緩建命運。

事實上，自中共建政迄1964年，三線地區雖設置「三線鐵道建設總指揮部」、「鐵道兵總指揮部」，完成成昆、貴昆鐵路修建，並且成立了

6　孟昭勳編，《絲路商魂：新西歐大陸橋再創輝煌》（西安：陝西人民出版社，2004），頁427。

7　陳夕編，《中國共產黨與西部大開發》（北京市：中共黨史出版社，2014），頁43。

8　鐘聲編，《戰略調整：三線建設決策與設計施工》（長春：吉林出版集團有限責任公司，2011），頁80。

9　於1958-1962年，在中國共產黨領導下，中華人民共和國發生試圖利用本土充裕勞動力和蓬勃的群眾熱情在工業和農業上不切實際地增產（即「躍進」）的社會主義建設運動。

一些兵器工業重要工廠，具備一定程度之工業基礎，惟能量依舊薄弱。中共預設將全國生產力做合理性配置的目標並未獲得大幅改善，「三線」地區的經濟發展仍然落後。當時除了重慶、成都、西安、太原、蘭州、湘潭等大中型城市成立有兵器、航空、電子工廠外，其他省區基本上並未發展國防科技工業。此外，這些在三線地區成立的兵器工廠雖具有生產能力，主要產品也是以輕兵器武器爲主，發展並不均衡。另一方面，在前述美蘇兩國軍事威脅壓力下，原本設在東北、華北、西北地區的國防科技工業已成爲受到攻擊的受要目標，重整「三線」地區國防科技工業布局，成爲中共刻不容緩的重要工作項目。1964年1月，周恩來在給毛澤東的一份工作報告中提到：「爲了國防安全，應該儘快調整核工業的戰略布局，根據『靠山』、『分散』、『隱蔽』的方針，建設後方基地」。此段建言再次打開中國大陸核工業和國防科技工業向內地縱深地區發展的動力。[10]

國防科技工業是中國大陸國民經濟不可或缺的重要環節，必須要有密集的技術、資金和配套措施。因此，要納入能源、原物料、機械工程、化學工程，以及輕工業等眾多行業共同參與投入，並且以交通運輸作爲保障。中共基於內外安全形勢和緊急備戰等因素考量，將國防科技工業作爲「三線建設」中的核心產業，並且展開更具系統性的布局，擴大其生產類別與能力，以強化國防實力，成爲「三線建設」實際運作的重要內容。

貳、三線建設布局運作

一、「三線」地區戰略地位

按照中國大陸地理區域劃分方式，中共將960萬平方公里的國土總面積劃分爲一、二、三線。其中，「一線」地區包括西北、華北、東北，以及東南沿海；「二線」地區則是以位處中部的中原地區爲主；「三線」地區的範圍是指甘肅省烏鞘嶺以東、山西省雁門關以南、京廣鐵路以西和廣東省韶關以北之區域，涵蓋被稱之爲「大三線」之陝西、甘肅、寧夏、青

10 李彩華，《三線建設研究》（長春：吉林大學出版社，2004），頁21-22。

海、四川、雲南、貴州西部省區，主要是中共中央各部門建立的直屬企（事）業單位，以及被稱爲「小三線」之山西、河南、湖北、湖南、廣東、廣西省區之後方地區，大多是各地方政府建設之軍工廠，合計13個省、直轄市、自治區的全部和部分地區（如圖3-1所示）。

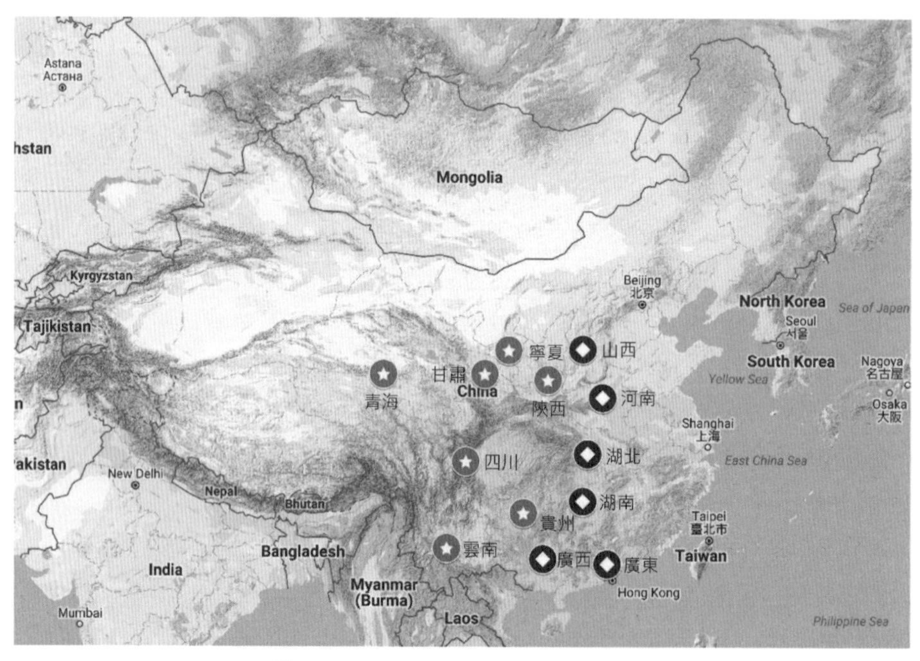

圖例：大三線地區　小三線地區

圖 3-1　三線地區主要建設示意圖

資料來源：筆者參照Google Map自行繪製。

相對於一、二線地區發展條件特點，三線地區總面積318萬餘平方公里，約占全國國土面積三分之一、人口4.2億，約占全國人口總數41%，這個地區遍布盆地、丘陵、山谷、峻嶺、高原，江、河、湖泊縱橫，海岸線最近距離達700公里以上，且有長城、太行山、大別山、羅霄山、賀蘭山、呂梁山、雲貴高原、青藏高原等作爲屏障，再加上四川盆地、江漢平原、渭河平原土地富饒，耕地面積達3.5億多公頃，約占全國耕地面積的37%，歷來就是屯田養兵之地，被視爲是一個在地理方面兼具軍事和經濟重要意義之戰略要地。除了地理環境位居中國大陸中心內陸地帶，三線地區建立的生產工廠亦可利用隱密之環境特點從事武器裝備研製工作，故「三線」地區的戰略地位及其受到重視的程度自有其基本要件。[11]以貴州省為例，中共將飛機、導彈、電子、常規兵器、軍用物資等生產單位自瀋陽、上海等「一線」地區遷移至此，並且建立「011」（飛機製造）、「061」（導彈生產）、「083」（軍用電子生產）三大基地，以及軍用被服工廠等計有128間軍工企業分布在全省各地，兼具武器裝備生產和提振當地經濟社會發展作用。[12]再以四川省為例，從鄧小平主政時期，曾視察產製雷達之「784廠」、步槍軍械之「296廠」，以及當地之重機廠、鋼鐵廠、化工廠、鹽場、石油基地等，[13]足見中共利用國土縱深、地勢險峻，但卻適宜生活之特性，建設戰略後方，以禦敵入侵，達到戍邊保土、富民強國之目的。[14]

二、「三線」產業建設

中共決定強化「三線」建設布局後，其具體工作項目也映現於國家「三五」（1965-1970年）、「四五」（1971-1975年）、「五五」（1976-1980年）五年發展計畫相關政策方針（如表3-1所示）。基此，中國大陸國家計畫委員會著重「三線」地區相關產業的建設項目、規模與投資等進行布局評估，包括煤炭工業、電力工業、石油工業、鋼鐵工業、機械工業、有色金屬工業、化學工業、輕紡工業、交通運輸等眾多產業建設項目。其中，在國防科技工業部分，主要是在四川建設核工業科研生產基地；在重慶建設常規兵器工業基地；在四川江津至湖北宜昌長江上游、廣西西江上游，以及雲南東南部建設艦船、魚雷科研生產基地；在四川、貴州、湖北、湖南、陝西建設戰略和戰術導彈科研生產基地；在貴州、湖

11 《三線建設》編寫組，《三線建設》（北京市：國務院三線建設調整改造規劃辦公室，1991），頁3。
12 夏軍，《人在路上》（廣州：花城出版社，2015），頁145-146。
13 劉金田，《細說檔案鄧小平》（南京：江蘇人民出版社，2015），頁212-213。
14 劉國新、劉曉編，《中華人民共和國歷史長編第3卷》（南寧：廣西人民出版社，1994），頁155。

表 3-1　中共「三線建設」重要政策方針

計畫期間	戰略思維
三五計畫（1965-1970年）	1. 1964年10月：計畫指導思想是要爭取時間，大力建設戰略後方基地，防備外敵發動侵略戰爭。 2. 1965年11月：加快三線建設特別是國防工業建設，是「三五」計畫核心。 3. 1965年11月：全面考慮備戰、備荒、為人民三個因素，統籌安排，突出重點，集中力量，將西南、西北部分省區建設成為初具規模的戰略大後方。
四五計畫（1971-1975年）	1970年2月：「四五」計畫是備戰計畫，重點是集中力量建設三線，改善工業布局，將三線建設成為工業部門比較齊全、工農業協調發展的強大的戰略後方。
五五計畫（1976-1980年）	1. 1975年10月：「五五」計畫期間要繼續建設三線，主要是充實和加強，而不是新鋪攤子。同時要進一步發揮一、二線的作用。 2. 1976年1月：要十分重視繼續搞好三線建設，充分發揮已經建設起來的生產能力，把三線建設成硬三線。

資料來源：筆者參照中國大陸1965年國民經濟計畫、「三五」計畫草案、國家計畫委員會編製「四五」計畫綱要草案、國家計畫委員會關於「十年規劃要點」、國務院副總理李先念全國計畫會議講話內容彙整。

北、陝西建設殲擊機、中型運輸機、水上飛機科研生產基地，並且續建西安「172廠」生產大中型軍民用飛機相應之輔機、儀錶工廠，以及科研、試驗、試飛基地；在四川、貴州、湖北、湖南、陝西建設通信、導航、資訊等電子裝備、電子元件、電子真空材料、儀器儀錶和專用設備製造等科研生產項目，以及在河南、湖北、湖南西部、甘肅東北部、山西西南部建設火砲、砲彈、坦克等重型武器生產基地。[15]

從上述這些重點建設項目可見，中共設法解決「三線」地區交通不便的問題，並且著重核工業、導彈、常規兵器、艦船、魚雷、各類型軍民用飛機、坦克、火砲，以及電子儀器設備等國防科技研製、生產能量建設。除此之外，無論是重工業、輕工業、機械工業、化學工業、紡織工業等規劃布局，目的也在提升當地農業、加工業之生產效率。中共試圖在這個中心內陸地區，導入軍用和民用工業，結合科研與生產項目，以擴大資源開

15 《三線建設》編寫組，《三線建設》，頁17-20。

發整合與應用效益。

參、三線建設得失與轉型

歷時十五年的「三線建設」在中共建政初期計投入2,052億人民幣、數百萬人力，先後建成近2,000個大、中型工廠，以及鐵路、水電站、科學研究院（所）等基礎設施。[16]從結果而論，「三線建設」帶給中國大陸內陸省份、城市經濟與科技進步的良機，例如：四川省攀枝花市、貴州省六盤水市、湖北省十堰市、甘肅省金昌市等地，逐步發展成爲工業城市。此外，隨著交通運輸建設改善、科研機構和大專院校遷移至此，也提升了民眾的生活和文化水準。這些城市發展程度的實際轉變，對應當時提出國家經濟建設如何防備敵人突然襲擊調查報告的解放軍總參謀部，或是由毛澤東和中共中央下決心實施以戰備爲中心之三線建設，儘管仍有正反兩面不同評價與見解，惟這套以發展重工業爲主體，建設科研生產基地，以及各具特色的新興工業城市，對於改善中國大陸失衡之產業布局，促進內陸地區資源開發與運用，以及強化國防與經濟實力確有助益。三線建設被視爲是中共推動國防工業首次推動之重大經濟發展策略，也爲後續國防工業體系建立奠定基礎。

然而，有所得，也有所失。中共力推「三線建設」除了發展內地效益外，仍然難以擺脫政治意識形態帶來的嚴重問題。主要原因即是在此期間同樣也是中共推動「文化大革命」（1966-1976年）時期。無產階級鬥爭造成中共黨內、國家和人民陷入「十年浩劫」，動亂的干擾也遲滯了預定發展目標。再加上決策初期配套作法不足，在凡事優先以政治意識形態掛帥，以「路線」選擇作爲工廠存廢的評價標準下，產生許多資源浪費和損失。[17]其主要問題包括：第一，過度強調戰備要求，國防科技等工業建設規模過度膨脹，且運輸戰線過長，已超過當時國家承受能力。第二，急於表功，縮短產業發展進程，部分項目欠缺完整的資源環境調查與評估，就

16 汪亞衛編，《國防科技名詞大典（綜合）》（北京市：航空工業出版社，2002），頁31。
17 陳夕編，《中國共產黨與三線建設》（北京市：中共黨史出版社，2014），頁21。

急於搶時動工，導致嚴重後遺症。第三，政企單位職責不清，其中國防科學技術工業委員會既是軍工部門管理者，也是軍工產品用戶；另企業完全依賴政府計畫，惰性高，效率低落。第四，投資回報低，著重軍事因素，軍品、民品研製分離，錯失產業長期發展和經濟效益，事實上一些產業刻意在隱密地點發展的結果，不利於生產管理、協調等工作。第五，在「文化大革命」干擾下，達成政治目標的意圖遠遠超過經濟管理制度，導致損失加劇。

中共推動「三線建設」戰略，在面對越戰結束，中美兩國緊張關係趨緩，甚至是1971年中國大陸取得聯合國會員國席位等國際形勢變化，以及國內發生「批林整風」運動、文化大革命等因素影響，最終仍令「三線建設」難以爲繼，尤其是新工程項目不再投入「三線」，迫使這些內陸省份最終只能在原本的建設基礎下運作。1973年1月，中國大陸國家計畫委員會向國務院提交〈關於增加設備進口、擴大經濟交流的請示報告〉（亦稱：四三方案），直指向美國、西德、法國、日本、荷蘭、瑞士、義大利等歐美國家大規模引進的成套技術設備，大部分配置於沿海地區，且認爲沿海地區工業快速發展，有利於促進內地建設。[18]俟鄧小平再次復出後，更著手調整「三線建設」部署，並且修正過度重視戰備產生的偏差，「三線」和沿海地區建設恢復並重。鄧小平曾提到：「許多三線的工廠，分散在農村，也應當幫助附近的社隊搞好農業生產。一個大廠就可以帶動周圍一片」。[19]因此，自中共「文革」結束，至1980年代，中共重新制定國家經濟戰略方針，象徵以「三線建設」爲重心的戰略選擇在改革開放政策實行後，開始轉向全國「軍民結合」發展模式。

18 焦光輝，《探索：經濟體制的演變與博弈》（西安：陝西人民出版社，2014），頁316-317。
19 甘士明編，《中國鄉鎮企業30年：1978-2008》（北京市：中國農業出版社，2008），頁62。

第二節　改革開放時期：軍民結合

中共實行「改革開放」政策後，多數留在「三線」地區之軍工企業開始面臨產品生產方向以及產業結構調整。1978年6月29日，鄧小平在聽取海軍和負責船舶製造之「第六機械工業部」（簡稱：六機部）報告後，首次提出「以軍爲主，以民養軍」指示，成爲全國推動國防科技工業「軍轉民」之政策依據。1982年1月5日，鄧小平再將「以軍爲主」改爲「軍品優先」，成爲改革開放時期指導國防科技工業的方針。[20]爲了有效解決「三線建設」遺留的問題，中共針對「三線」企業經營情況進行調查評估，並按企業體質區分第一、二、三類三種類型。其中，第三類企業主要是指地點設置有重大問題，難以繼續進行生產科研工作，以及產品轉型前景不明者，在當時中大型企業和科研設計院所計1,945家中，約占7%。[21]基此，中共中央和國務院於1983年開始，決定按照調整、改造、發揮作用原則對「三線」企業進行改革，並於同年12月3日在國務院體系下成立「三線建設調整改造規劃辦公室」，負責提出「三線」企業調整與技術改造規劃，並進行檢查監督。[22]國防科技工業是國家科技水準和經濟實力的集中表現，[23]在此時期，中國大陸國防科技工業進入「軍民結合」發展階段，在國防科技發展進程中，再次成爲武器裝備建設及其道路選擇的關鍵性策略。

20 《中國軍轉民大事記》編寫組編，《中國軍轉民大事記1978-1998》（北京市：國防工業出版社，1999），頁39、40、48。

21 向嘉貴，〈略論大三線的調整〉，《開發研究》，第1期，1987年2月，頁22。

22 該辦公室於1984年1月22日至26日召開第一次會議時，確立「三線」軍工企業調整方針，主要針對產業結構、產品、企業結構改造必須和國家國民經濟長遠發展相結合，並且掌握軍工、機械優勢，改善布局分散、交通不便、訊息不足缺陷，將三線地區改建爲平戰結合之戰略後方基地。見陳東林，《三線建設：備戰時期的西部開發》（北京市：中共中央黨校出版社，2003），頁358。

23 周碧松，《中國特色武器裝備建設道路研究》（北京市：國防大學出版社，2012），頁19-22。

壹、軍民結合由來

主要是指1980至2000年中共大力推動改革開放政策，並且積極促進經濟發展建設之前後約二十年期間。儘管中共對國防科技工業「軍民結合」的認知最早可溯及1952年提出的「軍民兩用」原則，[24]惟如同前述，在「三線建設」時期，民品生產的產量、品質皆大幅落後於軍用產品，再加上當時中共不僅重視能有效應付外來威脅之軍備生產，更大幅擴增軍隊編制，[25]導致「軍民結合」原則難以得到均衡發展。直至1978年中共再次提出「軍民結合、平戰結合、軍品優先、以民養軍」十六字方針，並且於1979年10月召開全國軍事工業會議，明確要求「軍事工業必須實行軍民結合」，[26]讓處在改革開放時期的國防科技工業開始著重軍民兩用技術實質發展。除此之外，中共在此時期，也開始重視國防科技工業人才培育，強調要培養軍隊和地方兩用人才，顧全大局。[27]這些轉變如同「三線建設」時期一樣，受到國際與國內政局因素影響。

一、國際因素

1970年代末期以後，隨著美國遠離越戰創痛，國力逐漸恢復，且轉趨和中國大陸合作，採取「聯中制蘇」策略，讓中共原本擔心的外來威脅暫時褪去；另一尋求擴張政策，於1979年12月24日入侵阿富汗，導致陷入十年戰爭中，大幅損耗自身國力的前蘇聯，亦因陷入內外交困處境，讓中共感到周邊安全環境局勢已在美蘇兩國對抗中改變。儘管在1979年時，中越兩國曾經發生邊境衝突，引發爲期一個月的中越戰爭，且由中方獲得勝利，在總體形勢轉變中，中共發現，包括處理臺灣問題在內，必須設法

24 主要是指周恩來提出兵工企業要貫徹「軍需與民用相結合」原則。見鄧光榮、王文榮，《毛澤東軍事思想辭典》（北京市：國防大學出版社，1993），頁309。
25 例如：在1958年，解放軍全軍人數爲237萬人、1965年增加至367萬人、1975年更達到661萬人，過高的軍費開支已嚴重影響民生經濟發展。見林暉，《21世紀初的中國國防經濟政策：論新時期中國經濟建設與國防建設的協調發展》（北京市：中國計畫出版社，2008），頁284。
26 盧存岳、丁冬紅編，《解放思想敢闖敢試》（太原：山西人民出版社，1994），頁80。
27 古越，《鄧小平兵法》（北京市：團結出版社，2015），頁313。

謀求與美蘇兩國正常關係發展，即鄧小平所言：「中國這個力量，加到任何一方，都會發生質的變化。這既不利於世界局勢的穩定，也不利於保障中國的國家安全，不符合中國的國家根本利益」。[28]於此期間，吾人可見《上海公報》（1972年）、《中美建交公報》（1979年）和《八一七公報》（1982年）相繼簽訂，以及自1982至1989年中蘇兩國關係正常化相關具體作爲，中共於1980年代形塑有利於經濟發展的對外關係和國際環境。

1990年代後，影響中國大陸最重要的國際因素，莫過於冷戰結束後形成以美國爲首的「一超多強」態勢。儘管中國大陸得益於經濟持續採取市場開放策略的快速增長，國力不斷提升，惟隨著第一次波斯灣戰爭爆發，開啓了以高科技爲特色的戰爭模式，令中共認知到科技強軍的重要性和迫切性。時任中共領導人江澤民曾提出「有所爲有所不爲、有所趕有所不趕」方針，意指要集中力量發展具有對經濟發展、國防建設產生發揮帶動作用的關鍵科學技術，以利爭取時間，縮小差距，並且在重點領域搶進世界高新科技發展領域。[29]在國際間發生大規模戰爭的潛在威脅降低，但小規模衝突發生的機率卻增加的情況下，中國大陸「軍民結合」國防科技工業邁入以科技爲核心的軍民兩用技術發展階段。

二、國內因素

「國防建設必須服從經濟建設的大局」是中國大陸內部國防科技工業轉型之核心原則。在此指導下，中共著力打造具有中國特色社會主義的國防，其要點包括國防建設和國家經濟互相促進，協調發展，以及軍民兼容、軍隊忍耐、注重效益、改善武器裝備等要項。[30]其中，鄧小平要求解放軍必須緊密配合「硬著頭皮把經濟搞上去」這個大局。[31]因此，軍隊建設、裝備現代化，不僅不能妨礙這個大局，且要顧及支援和參與國家建

28 王泰平，《鄧小平外交思想研究論文集》（北京市：世界知識出版社，1996），頁41。
29 江澤民，《論科學技術》（北京市：中央文獻出版社，2001），頁165。
30 向洪、鄧洪平，《鄧小平思想研究大辭典》（成都：四川人民出版社，1995），頁267。
31 歐建平，《精銳之師——構建現代軍事力量體系》（北京市：長征出版社，2015），頁12。

設，爲國家經濟建設服務。轉入和平時期的國防科技工業，爲了要適應中國大陸國防體制改革、武裝力量組建、兵役制度革新、軍隊規模縮減等重大調整，連帶進行調整改編。在中共中央軍委提出「縮短戰線、突出重點、狠抓科研、加速更新」要求下，[32]中國大陸國防科技工業體系改變了國防科研和生產作法，集中人物力和財力資源，先發展陸軍短缺武器裝備，並且也開始投入洲際導彈、潛射導彈、通信衛星，以及核武、核潛艇等重點產品項目研製、試驗和生產任務。

除了軍品之外，基於帶動地方經濟發展考量，中共自1990年代起，開始向地方開放軍用碼頭、機場、鐵路、空中航線，並且在公路、鐵路、航空、水運、通信等工程建設中，結合軍民兩用設施，以達成「寓軍於民」目標。除此之外，原本只生產軍品的軍工企業，亦開始生產民品。在這段一切向經濟發展看齊的時期，軍工企業全力支應國家經濟建設，也帶給中國大陸國防科技工業許多轉型和升級之契機。國防科技工業向「軍轉民、內轉外」方向轉變，並且實現從單一軍品型轉向軍民結合型的改革與調整。

貳、軍民結合布局運作

「軍民結合」國防科技工業體制主要包括兩項特點：第一，是軍與民的結合。其中包括從備戰面向爲著眼，軍工企業必須做好生產能力與技術儲備工作；另以和平時期發展社會主義市場經濟爲考量，則是要能充分運用軍工技術優勢，以及空餘生產力，研製民用技術和產品。第二，是民與軍的結合。中共認爲國防現代化建設，不僅是軍工企業的責任，亦應適當納入地方、私營企業部門和企業。[33]因此，「結合」的涵義是要將軍隊與地方、軍人與平民之間的關係緊密聯繫。表現在實際的產業結構中，就是軍工企事業單位之生產能力與項目必須包含軍用與民用物品兩大領域，

32 《當代中國的國防科技事業》編輯委員會編，《當代中國的國防科技事業（上）》（北京市：當代中國出版社，2009），頁113。
33 楊永良編，《中國軍事經濟學概論》（北京市：中國經濟出版社，1988），頁238。

在發展初期是以「軍轉民」為主要特色，並且將重點領域聚焦於核能利用、民用航天、航空、船舶等產業發展。中共藉軍民結合策略，針對這些領域，形成國防科技工業高科技產業群，也為國家高技術產業發展奠定基礎。[34]

在實際的布局運作方面，可將中共「結合」的步驟概分為低階、高階兩種不同層次加以分析（如表3-2所示）。

表 3-2　中國大陸國防科技工業「軍民結合」策略推動步驟

階段	層次	內容作法
一	低階結合	1. 產品劃分：建立軍民結合，以軍為主；軍民結合，以民為主；全部轉產民用產品三種企業類型。 2. 科研領域劃分 (1)納入全國科技發展規劃，由上至下統籌協調。 (2)在不影響保密和安全前提下，直接結合軍工企業、私營企業共同承接科研任務，研製產品。 (3)由軍工企業派遣技術人員至私營企業，協助民品研製。 3. 策略運用 (1)打破軍民兩用技術界限，對內從事多種技術合作，結合軍工和民用兩種力量。 (2)對外開放，開發國外市場，引進國外先進科技，並且採取合資經營、合作生產方式，增進外貿和技術交流。
二	高階結合	以技術、產品類型相近或相似為標準，打破軍民企業獨立運作型態，改採軍民兼容方式組建公司企業。 1. 產品結合：車輛、資訊設備、運載火箭、醫療器材可同時用於軍、民兩用領域者。 2. 產製能力：陸上裝備部分，可兼容坦克、拖拉機等重型載具生產；海上裝備部分，可兼容軍民用途艦船；航空裝備部分，可兼容軍用和民航飛機。 3. 技術結合：可用於軍事偵察和民間資源探勘之遙感技術，以及用於太空武器、民間生產加工製造、醫學、通訊之雷射光學技術。

資料來源：楊永良編，《中國軍事經濟學概論》（北京市：中國經濟出版社，1988），頁241-242。

34 林暉，《21世紀初的中國國防經濟政策：論新時期中國經濟建設與國防建設的協調發展》，頁295。

中共在此時期結合軍民之力，重整國防科技工業體系，依循不同層次的發展階段，開始改組國有大型軍工產業集團。中共針對國家計畫委員會國防司、國防科學技術工業委員會業管國防科技工業部門，以及改組前的五大軍工企業職能進行集中調整，尤其是在1998年後，又再採取政企分開、供需分開原則，進而梳理政府、軍隊、企業，以及政府部門之間的權責關係。中共在此時期將國防科技工業發展模式定調由政府統一集中管理，爲往後企業集團的運作管理、效能提升奠定了良好基礎。

參、軍民結合深化與轉型

以「軍民結合」爲轉型主軸的國防科技工業發展模式推行了約二十年，相較於「三線建設」時期，中國大陸國防科技工業建立了更具規模和成熟之運作體系，例如：除了軍品生產外，亦延伸至民用產品研製範疇，並且在特定領域中形成特色和優勢項目。此外，部分已不再生產軍品的軍工企業也在此時期進行任務、組織編制和人力配置等工作項目調整。[35]這段算是處在初期階段之國防科技工業改革，必須兼顧「三線建設」軍工企業的組織結構優化，以及部分企業遷出、改組後的持續發展。因此，中共在以經濟建設爲優先的考量下，也關注強化國防科技工業平戰轉換能力、振興地方經濟，並且互補發展優勢，進而成爲國民經濟建設的重要力量。

其次，在確定核工、航天、航空、艦船、兵器五大特色之國防科技工業發展類別後，中共亦開始著重國防科技人才培育問題。在「三線建設」時期，中共曾於1956年5月成立「導彈研究院」（同年7月改名爲「國防部第五研究院」），負責導彈研究、設計、試驗等工作，同時也奠定了1964年11月發展成爲國務院「第七機械工業部」航天技術的基礎；[36]另一方面，隨著航空、艦艇、無線電電子學研究院相繼於1960年代成立，也突

35 例如在「九五計畫」（1996-2000年）期間，中共對60多家企業進行現代企業制度試點，並且將31所軍工院校移交地方。見全林遠、趙周賢編，《波瀾壯闊的歷史畫卷：改革開放30年輝煌成就掃描》（北京市：國防大學出版社，2008），頁325。

36 郭化若，《中國人民解放軍軍史大辭典》（長春：吉林人民出版社，1993），頁137。

顯中共亟欲補足國防科技人才需求。有鑑於此，中共開始規劃策辦有關國防工業和軍事工程技術之高等院校，至1980年代中期，其高等院校數量增加至29所，同時也在北京大學、清華大學、蘭州大學等13所地方重點高等院校開設核子工程專業學程，再加上原本國防工業部門所屬的43所中等專業學校，中共在1990年代以科教興國、興業認知累積國防科技人才，並且逐漸形成完整的國防科技人才教育體系。[37]

然而，「軍民結合」這個階段的改革轉型並非順遂無虞，在深化推動後，仍有包括結構、布局、制度、技術等方面的問題浮現。例如：儘管強調要實行政企分開原則，惟實際上軍工集團企業還是難以擺脫「半政半企」的特色，各自負責行業規劃，政企不分、軍企不分、權責不清的問題並未得到解決。[38]其次，「國防科學技術工業委員會」成立後是接受中央軍委、國務院雙重領導，其職能角色一方面是掌管解放軍全軍軍事裝備生產供應的領導機構；另一方面也是國務院管理國防科研、軍品生產和外貿工作之綜合部門，難以同時彰顯經營和管理效能。也因爲如此，該機構於1998年3月的國務院機構改革中，改組爲解放軍的「總裝備部」；另於國務院體系下成立另一個屬於政府體制的國防科工委。[39]第三，儘管強調國防科技要實現「軍轉民」，實際上軍民之間的科研生產仍然自成體系。其問題癥結主要在專業分工不均，導致軍工企業仍然把持主要部件的設計生產工作，只有零星或部分元件會釋放給民間企業承製生產。亦因如此，軍工企業在民品生產方面著力不足，欠缺競爭力，民間企業受限於嚴謹的安全管理制度，也不易跨入軍品生產領域，導致基礎建設各成體系，甚至產生不必要的重複建設。[40]第四，是軍品生產需求持續下降，導致軍工企業脫困和發展的問題難解。當外部安全威脅逐漸降低，又面對高科技改變了戰爭型態，一時之間「打什麼樣的仗」成爲解放軍必須回答的問題。尤其

37 《當代中國的國防科技事業》編輯委員會編，《當代中國的國防科技事業（上）》，頁129。
38 白萬綱，《軍工企業：戰略、管控與發展》（北京市：中國社會出版社，2010），頁8。
39 王懷安、顧明、祝銘山、孫琬鐘、唐德華、喬曉陽編，《中華人民共和國法律全書》（長春：吉林人民出版社，2000），頁1152-1154。
40 呂政，《論中國工業增長與結構調整》（北京市：經濟科學出版社，2001），頁330。

是武器裝備發展取決於軍事需求，而軍事需求又與國家面臨的政治、經濟、外交等環境條件密切相關。當中共決意優先投入經濟建設，減少軍事需求，也就直接導致軍品訂單減少，以及後續從事國防科研、生產的經費短缺，最終導致軍工企業的生產設備陳舊，技術和創新能力落後不足等問題叢生。[41]

從「三線建設」到「軍民結合」兩個分別涵蓋1950至1980年，以及1980至2000年的國防科技工業奠基發展的年代，中共先歷經文革意識形態決定國防軍事建設優先於一切的發展困境時期，再度過同步追求經濟增長和國防軍事現代化的兼顧適應期。不同策略的選擇，突顯出中國大陸國防科技工業體系發展的特色、強項、問題與不足。爲了能夠更加協調經濟與國防建設之間的互動關係，中共在既有的改革轉型基礎上，自2000年後再朝向軍民融合國防科技工業發展模式轉變。

第三節　科學發展時期：軍民融合

進入21世紀後，包括社會經濟發展、國防軍事領域在內，各種產業無一不與高新資訊科技緊密相連，連帶影響中國大陸國防科技發展。另一方面，受到傳統戰爭型態已隨著資訊科技進步，快速轉變爲聯合作戰型態，也令中共必須尋求較「軍民結合」模式更能兼顧經濟與國防建設之國防科技工業發展策略，採取科學方法，對國防科技工業之資源分配、產業結構配置等進行更有效的規劃，繼續提升國防科技創新和武器裝備科研生產能力，保障國家安全與發展利益。因此，在經濟與國防建設「兩頭兼顧、協調發展」[42]發展基礎上，中共於十六大後，再次提出要將軍民結合提升至軍民融合層次之構想。2007年10月，軍民融合首次被寫入中共十七

41 劉世慶、邵平楨、許英明、周劍風，〈國防科技工業：自主創新的重要引擎〉，《中國西部》，第21期，2010年11月，頁68-69。

42 是指江澤民於1989年11月在中央軍委擴大會議中提出的觀點。他認爲中央政治局常委要兼顧經濟建設和國防建設：「一方面，軍隊要服從經濟建設大局，繼續貫徹忍耐的方針，發揚艱苦奮鬥精神，體諒國家的困難。另一方面，國防費也要在國民經濟發展的基礎上逐年有所增加，使部隊武器裝備和生活條件逐步得到改善」。見江澤民，《江澤民文選第1卷》（北京市：人民出版社，2006），頁77-78。

大工作報告，至2012年十八大召開時，這項戰略思維已被定位爲「堅持富國和強軍相統一」的國家戰略。這段跨越胡錦濤、習近平兩人主政時期的國防科技工業建設思維，將軍隊現代化和經濟社會發展融合帶入新一階段的科學發展時期，成爲實現富國強軍目標的新處方。

壹、軍民融合由來

如同中共建政初期、改革開放時期一樣，國防科技工業政策制定、實行的過程皆有其時空環境背景。爲了能夠將國防科技工業的資源、技術更深入、更廣泛地向社會經濟領域擴展，發揮以國防工業帶動民間高技術產業發展，帶動國民經濟增長功能，並且將軍用、民用科技領域之人才、資金、技術等資源做更有效的整合運用，實現經濟與國防建設良性互動，中共在過去五十年累積的經驗和基礎上，決定將國家的國防科技工業轉向軍民融合模式發展。[43]在這段時期，中共對國家在國際間的定位認知不僅只是「大」，還要「強」，再加上國家安全的風險與挑戰已不再是一槍一砲、一城一池的安全形勢，無論是經濟或是國防建設，必須從綜合性安全（comprehensive security）面向衡量，不僅需要能夠適應環境變遷的現代化軍隊，在許多方面更有賴民力的積極參與。這種講求「軍民綜合型」的國防科技工業兼容發展概念，[44]成爲中共建設中國特色社會主義的戰略新選擇，又是一種新嘗試。

一、國際因素

隨著全球化趨勢持續深化發展，中國大陸面對的國際政治、經濟和安全環境也愈來愈錯綜複雜。從「睦鄰政策」到「新型大國關係」，中共必須要在政治互信、經貿往來、人文交流等方面取得和周邊國家和世界主要大國保持穩定且友好關係。亦因如此，進入新世紀的中國大陸必須擔負的

43 張遠軍，《國防工業科技資源配置及優化》，頁41。
44 李炎、王進發，《軍民融合大戰略》（北京市：國防大學出版社，2009），頁14。

國際責任，以及維護國際秩序的能力皆勝過以往。此外，中共亦無法忽視來自以美國為首的盟國體系在「中國威脅論」（China threat theory）認知下積極展開的防範與制衡的壓力，再加上與周邊國家海洋領土爭端難解，甚至包括臺灣、西藏、新疆等國家主權、安全、領土完整問題必須獲得有效解決或主控優勢在內，已非單純的軍事問題。因此，中共認為藉由推動軍民融合深度發展，可以讓經濟與國防，以及軍隊深化改革形成有效的互動機制。中共藉此一方面強化多樣化軍事能力建設，亦有助於發展地區優勢，實現國家安全穩定發展。[45]

除了國家安全威脅的型態已經改變，世界各國在此時期興起國家或軍事工業改革作法，亦是中共採取軍民融合發展策略之重要關鍵因素。除了師法前一章深入研究的美國、俄羅斯外，尚包括英國、法國、德國、日本、印度、以色列等國防和軍事工業蓬勃發展國家為因應軍事事務革新之現代化變遷趨向而採取包括「以軍掩民」、「以軍帶民」、「先軍後民」等各種模式的優劣利弊發展經驗帶給中共程度不一的影響。中共最終選擇軍民融合策略，其核心考量即在藉此嶄新的國防科技工業發展模式改革，更迅速地拉近和歐美工業大國的發展差距，並且實現國防和軍隊現代化建設目標。[46]

二、國內因素

「改革開放」政策為中共帶來國力發展的契機，惟受到國家政治體制約制，讓轉型二十餘年的經濟體制也積累許多無法迴避的難題。其中，令中共最為擔憂的不外乎是多元文化價值觀帶來的衝擊。這些不同於中共堅守的傳統馬列主義政治意識形態，激化了國內社會問題，也突顯中共在1989年「六四」事件後，又在很短的時間內必須有效緩解各種可能影響政權穩定的不利因素。在中共黨國體制中，社會秩序可以透過公權力強勢介入加以穩定，惟因為經濟體制變革帶來的政治改革壓力則必須謹慎應對。

45 李升泉、李志輝編，《說說國防和軍隊改革新趨勢》，頁221。
46 李升泉、李志輝編，《說說國防和軍隊改革新趨勢》，頁221-222。

無論是產業結構調整、社會利益分配、貧富差距縮小，皆是中共在此時期面對的嚴峻問題。另一方面，解放軍的現代化改革轉型，更是在聯合作戰、人才培育、武器裝備、編制體制，以及訓練考核等方面考驗。無論是舊難題還是新問題，中共除了必須均衡既有的經濟和國防建設問題，亦須穩定社會和軍隊之間的關係。中共認爲在多重領域同時進行改革，必須要有一套可行、有效的方法來解決各領域之間變革下的矛盾問題，適應其協調關係。因此，軍民融合策略即成爲實現富國強軍目標的選擇。[47]

中共將軍民融合戰略作爲新時期國防科技工業資源配置與結構調整之新方法。2017年8月1日，習近平在中共慶祝建軍九十週年大會上提到：「推進強軍事業，必須深入推進軍民融合發展，構建軍民一體化的國家戰略體系和能力」。[48]可見，採取軍民融合式發展途徑，一方面是要向國民經濟領域釋放國防科技工業資源與技術，結合社會經濟發展；另一方面也要擷取民用科技資源轉化運用軍用科技，確保國防和軍隊現代化建設能夠得到社會經濟面的有力支持。因此，兩者之間相互揉合、相互保障，中共藉此穩定國內政治、經濟、社會、軍事的平衡關係。

貳、軍民融合布局運作

軍民融合是指要以過去寓軍於民、軍民結合的發展經驗，再加以升級。因此，不只是要軍轉民，更要加大民參軍的廣度與深度。其中的內涵包括：第一，要將軍民結合範圍，從國防科技工業擴展至國防建設各領域；第二，要將軍民結合的層次，從軍地協商升級至國家發展戰略層次；第三，要將軍民結合程度，從行業領域的「板塊式」對接深化到融爲一體。[49]軍民融合是要將國防與軍隊現代化建設鑲嵌至國家整體經濟社會發展體系，進而在國家經濟、科技、教育、人才等各領域同步推動軍民融合發展模式，帶動國防和軍隊現代化建設，以及經濟社會發展。對中共而

47 李升泉、李志輝編，《說說國防和軍隊改革新趨勢》，頁221。
48 〈必須深入推進軍民融合發展〉，《解放軍報》，2017年8月7日，版2。
49 于川信編，《軍民融合式發展理論研究》（北京市：軍事科學出版社，2008），頁2。

言，這是一種具有雙重效應之發展理念，兼顧國防與經濟建設相互協調、功能通用之發展模式。藉由破除軍民兩大體系之間的壁壘和障礙，實現資源共享，達到「一個共用或部分共用的機體，兩個或多個功能產出的體系」目的，以更少、更合理的投入，獲取更多更優質的效益。[50]

這項攸關中國大陸全國產業布局和軍事現代化的發展策略，涉及中共中央軍委、政府多部門之間的協調合作，以及軍地雙方共同推動。2013年10月，中共召開十八屆三中全會時明確提到：「在國家層面建立推動軍民融合發展的統一領導、軍地協調、需求對接、資源共享機制」。[51]因此，國防科技工業改革轉型的關鍵，不僅需要解放軍本身在現代化軍力提升方面提出明確的精進方向和裝備需求，亦需要相關政府領導部門提出可行的國家政策強力支持。其中，在中共中央層級著重建立體系與部門之間相應的領導、協調機制，並且在全國經濟、科技、教育、人才培育等領域推動軍民融合。2017年1月22日，中共在中央政治局會議上決定成立「中央軍民融合發展委員會」，由習近平擔任主任一職，[52]在在顯示中共推動軍民融合是以國家為中心，統籌主導軍民融合政策，在更廣泛、更高層次上，結合國防和軍隊現代化建設以及社會經濟發展，加速推動解放軍現代化轉型和國家戰略性產業布局規劃。

首先，在統一領導體制設計方面，中共將深化軍民融合發展，健全國家層級管理軍民融合政策之職能重點聚焦於：第一，統籌規劃和組織軍民融合工作；第二，積極開展軍民融合戰略相關政策、規劃研究工作；第三，組織協調軍方在軍民融合領域必須克服難題的需求；第四，指導、查察軍民融合政策推動情形與問題。其次，在建立軍地協調體制方面，重點在成立跨部門的協調機構，主要負責協調、解決國防和經濟建設主要行業之間軍民融合發展相關領域之重大問題，以及增進軍地雙方在軍民融合工

50 肖振華、呂彬、李曉松，《軍民融合式武器裝備科研生產體系構建與優化》，頁8-9。

51 謝文秀編，《裝備競爭性採購》（北京市：國防工業出版社，2015），頁36。

52 中共中央軍民融合發展委員會是中央層級軍民融合發展重大問題之決策和議事協調機構，統一領導軍民融合深度發展，並且向中央政治局、中央政治局常務委員會負責。見〈中共中央政治局召開會議決定，設立中央軍民融合發展委員會〉，《中國軍轉民》，第2期，2017年2月，頁4。

作之對應聯繫。在方法應用方面，中共藉由召開跨部門會議，召集經濟、國防建設相關部門主管，分析軍民融合發展形勢，討論重大問題解決方案。另一方面，爲確保軍民融合策略有效運作，中共也在主管經濟、國防建設之政府部門間，建立相互通報制度。此外，在協調軍地合作關係方面，明確軍民融合產業基地的概念內涵，掌握軍民融合產業基地的發展現狀，研究相應的對策建議，對於進一步做好軍民融合產業基地創建工作，具有十分重要的意義。[53]這是中共創建國家新型工業化產業示範基地的六大領域之一，也是在此時期推動軍民深度融合的重要著力點。

在軍民融合時期，中共希冀能走出一條中國特色新型工業化道路。在具體實施方面，除了將軍民融合明確列入國家「十二五」（2011-2015年）、「十三五」（2016-2020年）發展規劃專章內容，「國務院國有資產監督管理委員會」亦針對民用物品開發項目結合軍工產業集團特色進行評估，並且在《中央企業「十二五」發展規劃綱要》內加以律定。另一方面，從工業和信息化部制定《軍用技術轉民用推廣目錄》、《軍民兩用技術及產品資源共享目錄》，以及《民用企業參與國防建設政策彙編》等文件可知，拓展軍民之間信息交流管道，也是軍民融合核心工作項目。[54]

中共爲了落實軍民融合政策，要求屬於中央政府層級之國家發展和改革委員會、科技部、工業和信息化部、國家能源局等科研部門，採取聯合推動國家科技重大項目方式，共同推動軍民融合產業。其中，工業和信息化部的工作重點在培育與認定國家級軍民結合產業基地，設法帶動新型工業化產業，增加產值。以此對照2012年1月頒布之《關於進一步做好國家新型工業化產業示範基地創建工作的指導意見》，可見該部在全國積極組織開展軍民融合產業基地的培育和認定工作，已經區分三批認定，並且掛牌19個國家級軍民結合產業基地。另一方面，從中國大陸科技部公布之官方報告可知，「中國銀行業監督管理委員會」配合發布新的金融服務

53 〈國防科技工業發展戰略委員會成立〉，《軍民兩用技術與產品》，第15期，2015年8月，頁4。

54 中華人民共和國科學技術部編，《中國科學技術發展報告2012》（北京市：科學技術文獻出版社，2014），頁22。

作法，人民銀行亦配合政策持續放寬融資管道。2011年時，軍民融合相關企業在銀行間債券市場共發行短期融資債券計489億人民幣，中期票據計193億人民幣。可見中共欲藉由推動軍民融合策略，在生產、技術等多領域活絡國防與民用經濟交互滲透，進而形成互利的發展模式。

參、軍民融合成為國家戰略

2015年3月12日，習近平出席第十二屆全國人民代表大會第三次會議解放軍代表團全體會議，首次提到要「深入實施軍民融合發展戰略」，這是中共在科學發展時期，將軍民結合模式漸進改爲軍民融合深度發展，正式將這項策略定位爲國家戰略層次。2017年6月21日，習近平在中央軍民融合發展委員會第一次全體會議再次提到將軍民融合發展上升爲國家戰略「是應對複雜安全威脅、贏得國家戰略優勢的重大舉措」。[55]從現實的經濟與安全面向而論，中共對軍民融合重視的程度，與其在2013年11月十八屆三中全會通過《中共中央關於全面深化改革若干重大問題的決定》提到要設立「中共中央全面深化改革小組」和「國家安全委員會」密切相關。除了習近平同時擔任小組長、主席兩項職務，令各方見識中共決策權力愈來愈集中，也顯示包含國家安全戰略、軍民融合戰略，以及國防預算持續增長已成爲中國大陸國家發展方向之關鍵影響因素。隨著新的國防科技工業政策陸續頒布，因改革帶來的政策紅利，也會改變民間企業參與國防建設的產業發展和組成結構。[56]有關中共十八大後軍民融合被提出成爲國家戰略之重要歷程，彙整如表3-3所示。

55 〈習近平：加快形成軍民融合深度發展格局〉，《中國經濟週刊》，第25期，2017年6月，頁8。

56 于川信編，《軍民融合戰略發展論》，頁254-255。

表 3-3　中共十八大後對發展中國特色的國防科技工業政策要求

時間	時機	政策要求
2012年11月	中共十八大	要建成與國際地位相稱、與國家安全和發展利益相適應的先進國防科技工業。
2013年11月	中共十八屆三中全會	《中共中央關於全面深化改革若干重大問題的決定》明確要求推動軍民融合深度發展。
2014年10月	中共十八屆四中全會	《中共中央關於全面推進依法治國若干重大問題的決定》在國防科技工業領域掀起落實法規體系建設討論。
2015年3月	中國大陸第十二屆全國人民代表大會第三次會議	強調以軍民融合促進國防科技工業發展亦成為「四個全面」項目中之一環。
2016年5月	中共中央、國務院印發《國家創新驅動發展戰略綱要》	科技事業發展的目標是，到2020年時進入創新型國家行列，到2030年時進入創新型國家前列，到2050年時成為世界科技創新強國。
2016年5月	中共中央軍委頒發《軍隊建設發展「十三五」規劃綱要》	2020年時，軍隊要如期實現國防和軍隊現代化建設「三步走」發展戰略第二步目標。未來五年，軍隊主要領域發展指標要取得較大突破，關鍵作戰能力要實現大幅躍升，整體發展布局得到明顯優化。
2016年7月	中共中央、國務院、中央軍委印發《關於經濟建設和國防建設融合發展的意見》	加快引導優勢民營企業進入武器裝備科研生產和維修領域，健全訊息發布機制和管道，構建公平競爭的政策環境。
2017年3月	中國大陸第十二屆全國人民代表大會第五次會議	國防科技和武器裝備領域是軍民融合發展的重點，也是衡量軍民融合發展程度的重要標誌。
2017年6月	中共十八屆中央軍民融合發展委員會第一次會議	軍民融合發展上升為國家戰略，是長期探索經濟建設和國防建設協調發展規律的重大成果，是從國家發展和安全全領域出發作出的重大決策，是應對複雜安全威脅、贏得國家戰略優勢的重大舉措。
2017年9月	中共十八屆中央軍民融合發展委員會第二次會議	國防科技工業是軍民融合發展的重點領域，是實施軍民融合發展戰略的重要組成部分，也是推進國家創新驅動發展戰略實施、促進供給側結構性改革的迫切需要。
2017年10月	中共十九大	要更加注重軍民融合，堅定實施軍民融合發展戰略，形成軍民融合深度發展格局。

表 3-3　中共十八大後對發展中國特色的國防科技工業政策要求（續）

時間	時機	政策要求
2018年2月	中共十九屆三中全會	《中共中央關於深化黨和國家機構改革的決定》提出軍民融合發展水準有待提高問題，以及深化國防科技工業體制改革，健全軍地協調機制，推動軍民融合深度發展，構建一體化國家戰略體系和能力等作法。
2018年3月	中共十九屆中央軍民融合發展委員會第一次會議	審議通過《軍民融合發展戰略綱要》、《中央軍民融合發展委員會2018年工作要點》、《國家軍民融合創新示範區建設實施方案》，以及第一批創新示範區建設名單。
2018年6月	中國大陸科技部、國家發展改革委員會、國防科技工業局，中共中央軍委裝備發展部、中央軍委科學技術委員會印發《促進國家重點實驗室與國防科技重點實驗室、軍工和軍隊重大試驗設施與國家重大科技基礎設施的資源共享管理辦法》	建立軍民會商協調機制，設立管理辦公室，推動國家重點實驗室、國防科技重點實驗室、軍工和軍隊重大試驗設施和國家重大科技基礎設施資源共享，提高資源利用效率。
2018年7月	中共中央軍民融合發展委員會辦公室、國家標準委員會、中央軍委裝備發展部、國防科技工業局統籌推進標準化軍民融合工作部署會	審議通過《統籌推進標準化軍民融合工作總體方案》，利用3至5年時間，初步建立軍地銜接、精幹高效、兼容發展的軍民通用標準體系。
2018年10月	中共十九屆中央軍民融合發展委員會第二次會議	審議通過《關於加強軍民融合發展法治建設的意見》。

資料來源：筆者自行彙整。

在軍民融合成爲國家戰略的定位得到確認後，儘管各方評論眾說紛紜，惟做爲在習近平主政後提出「四個全面」[57]戰略布局之具體實踐，其戰略目標、戰略舉措都將對解放軍的軍力現代化和國家戰略性新興產業的整體發展有著決定性影響。

一、戰略目標

形成全要素、多領域、高效益的軍民融合深度發展格局，實現富國和強軍的統一，是中共深度發展軍民融合的國家戰略目標。[58]這也是基於中共因應國家正處於多元複雜的國防安全環境條件，以及經濟情勢進入「新常態」轉型趨勢，經濟體制和產業結構轉變之際所做出的重大戰略抉擇。因此，中共認爲必須要將兩個領域中有關能夠提升戰鬥力和生產力的各種要素充分流通、無縫對接，在廣度方面實現全要素的深度融合。在領域融合方面，是將目標鎖定於國防軍事和經濟產業兩大體系的交融耦合。軍民融合的最終目標是在融合效益的全面發揮，其中包括國家資源的配置能夠在最適當的時機發揮最大效益，且能夠藉由國防經濟拉升最大化的社會經濟效益，以及利用社會經濟的活絡支撐國防經濟，形成兩者之間的良性循環。軍民融合戰略對中共而言，不僅要確保國防安全與國內安全、傳統領域安全與新興領域安全、軍事安全與其他安全，以及現實安全與潛在安全的穩定關係，更需藉此緩解經濟持續、平穩發展的壓力，且是實現「兩個一百年」目標的有利途徑。

二、戰略舉措

2015年3月，習近平提出：強化大局意識、強化改革創新、強化戰略規劃、強化法治保障，[59]「四個強化」也就成爲實現軍民融合戰略的基本

57 是指全面建成小康社會、全面深化改革、全面推進依法治國、全面從嚴治黨。見韓明暖、劉傳波編，《形勢與政策》（濟南：山東人民出版社，2016），頁2。

58 羅永光，〈堅持軍民融合深度發展國家戰略〉，《解放軍報》，2017年4月12日，版7。

59 黃朝峰，〈軍民融合發展戰略的重大意義、內涵與推進〉，《國防科技》，第5期，2015年12月，頁19-23。

途徑。[60]以此反饋參照中國大陸「十三五」規劃第19篇第78章內容，可以歸納其戰略舉措包括在軍民融合發展體制、管理體制、領導體制、法制體制，以及軍地關係、資金保障、科技協同創新、國防科研生產和武器裝備採購體制等機制建立外，尚須加速推進軍民通用標準化體系建設，以及在海洋、太空、網路空間等領域開發重大工程項目、打造軍民融合創新示範區增強先進技術、產業產品、基礎設施等軍民共用的協調性，同時加強國防邊海防基礎設施建設。[61]

軍民融合國家戰略從軍事方面而論，是政治建軍、改革強軍、依法治軍、科技興軍戰略布局重要的一部分；從經濟方面而論，更有利於加速國家經濟社會建設，所以是興國之舉。本章依循中共建政後各個不同時期側重的國防科技工業改革思維、特點，歸結這段策略轉變的常與變、劣勢與優勢，以及問題與限制。直到現在的軍民融合國家發展戰略，更是檢驗解放軍軍力現代化和國家戰略性新興產業之指標。這項戰略作法，總結了過去發展經驗，也啓迪國家國防和經濟建設未來發展。

60 姜魯鳴，〈推進軍民深度融合發展的科學指南〉，《求是》，第12期，2017年6月，頁11-13。

61 中共中央編寫組編，《中華人民共和國國民經濟和社會發展第十三個五年規劃綱要》（北京市：人民出版社，2016），頁190-191。

第四章　強軍
國防科技工業與中共軍力現代化

習近平主政以來，大力倡導「中國夢」、「強軍夢」，以及科技強軍、興軍等論述，提供解放軍積極發展軍力最有利憑藉。2013年11月，中共召開第十八屆三中全會，確立了在「習李體制」下，開始推動新一波的全面深化改革。2015年11月，按照「軍委管總、戰區主戰、軍種主建」原則，解放軍軍隊改革也正式提上實質變革的期程。無論是《全面深化改革若干重大問題的決定》宣告中共將實施強軍戰略，走中國特色強軍之路，或是按照《深化國防和軍隊改革總體方案建議》訂定具體改革工作路線，解放軍要朝向強軍之路變革，建設新型作戰力量，都必須以國防科技作爲支撐基礎。

本章針對這股強軍背後的科技力量發展歷程予以梳理，認爲軍民融合戰略在習近平主政時期已成爲解放軍軍隊現代化建設發展依循，其重點在於信息化與機械化複合式發展。例如：陸軍正由區域防衛型向全域機動型轉變；海軍初步發展成爲具備較強近海防禦能力以及一定遠海作戰手段的綜合性軍種；空軍正加速由國土防空型向攻防兼備型轉變；火箭軍則是以建設核常兼備戰略力量爲重點。此外，在軍事航天、戰略投送等新型作戰力量建設方面，則是戰略支援部隊建設軍事能力之重點。

中國大陸國防科技工業發展雖然尚不及於歐美工業大國，惟在自身轉變的過程中，卻也成爲解放軍獲得新式武器裝備的主要來源，且自主能力亦大幅提升。從政策導向上亦可發現這種發展模式在未來仍將持續強化，置重點於國防科技和武器裝備發展戰略研究與籌劃，統籌新裝備發展和現有裝備改造，設法突破核心關鍵技術。例如：「遼寧號」航母交付海軍後仍持續研發包括001A在內之自製構型、運-20大型運輸機完成首飛、信息化主戰武器裝備系統持續撥交各軍、兵種使用。這些事例證明解放軍對於武器裝備研製、改造、延壽能力，以及增進武器裝備作戰能力與保障能力的力道依然強勁。

中共深化國防和軍隊改革已進入實施階段，這項自其建政以來變動幅度最大的軍事變革，除了需要明確的政策與制度導引，更重要的是要有先進的現代化軍備投入各軍、兵種。對於中共而言，目標要在2020年前完成的軍改工程，沒有回頭選項，只能設法達成。因此，中共必須在要求解放軍達成多樣化軍事任務時，確保軍隊能夠獲得源源不絕的自主國防科技支持。檢視解放軍積極研製各項軍事武器裝備發展趨勢，各軍、兵種未來仍將持續獲得更多新技術裝備。

中國大陸已成爲國際體系中的重要力量，具有大國影響力。從國家與國防安全角度而論，瞭解國防科技工業發展對解放軍軍力現代化和經濟發展的連動關係有其重要意義。本章基於前述對中國大陸國防科技工業蛻變歷程和發展策略之認知，關注中共軍力現代化議題，從國防科技工業觀點提出分析與評估。

第一節　以國防科技爲根基之信息化現代軍力建設

主要是指自1990年代以來，解放軍對全世界興起以信息化帶來之現代化軍力建設歷程。解放軍力求要打贏高技術條件下的局部戰爭，[1]以及打贏信息化條件下的局部戰爭，[2]必須實現中共十八大政治報告中所提：「按照國防和軍隊現代化建設『三步走』戰略構想，加緊完成機械化和信息化建設雙重歷史任務，力爭到2020年基本實現機械化、信息化建設取得重大進展」。[3]

儘管解放軍積極發展國防科技，近年來部分武器裝備甚至已能躋身世

1　潘寶卿編，《新實踐、新發展：以江澤民爲核心的第三代黨中央對鄧小平理論的堅持和發展》（南寧：廣西人民出版社，2001），頁565。

2　劉忠和編，《黨中央在十六大以來創新理論科學體系研究》（北京市：光明日報出版社，2013），頁201。

3　劉凝哲，〈中國2020年建成機械化信息化軍隊〉，《文匯報》，2012年11月9日，版A05。

界領先行列，惟在總體軍力發展方面，仍處於機械化任務尚未完成，同時面臨信息化轉型之關鍵時期。因此，中共設法在軍事現代化進程中迎頭趕上美國、俄羅斯等軍事大國，追趕西方軍事先進國家正值由第四代武器裝備轉向第五代，甚至是第六代武器裝備轉型期約二十年差距。[4]

壹、軍事戰略思維之轉變

「積極防禦」（active defense）是中共官方對外宣稱的主要軍事戰略方針，其內涵包括：堅持自衛立場，實行後發制人；堅持「人不犯我，我不犯人；人若犯我，我必犯人」等思維，[5]也就是說在此戰略方針指導之下，中國大陸不主動發起戰爭或遂行侵略戰爭。[6]對此，可從中共中央軍委會高層和解放軍將領在國際場合的講話內容，試圖降低國際與周邊國家之疑慮來加以檢證。例如：解放軍前副總參謀長章沁生曾針對中國大陸防衛政策表示在戰略上會遵守自衛用途，絕不會開第一槍；[7]前任國防部部長常萬全，在2016年10月舉辦之第七屆「香山論壇」會議中亦倡導各方共同走「對話而不對抗、結伴而不結盟」的交往新路。[8]現任國防部部長魏鳳和亦於隔年10月第八屆「北京香山論壇」提到「推動亞太地區新的安全機制建設，構建國與國之間新型軍事關係」。[9]這些按照中共官方的論述內容，顯現出與西方國家傳統戰爭或軍事理論不同之「慎戰」與「謀攻」

4 周煜婧、蘇睿，〈揭秘美國頂尖武器研發團隊：正研發第六代戰機〉，《人民網》，2013年9月15日，http://big5.chinanews.com:89/gate/big5/www.gd.chinanews.com/2013/2013-09-15/2/271896.shtml（瀏覽日期：2017年9月15日）；閻嘉琪、何天天，〈日本六代機「心神」理念超前，可能裝備激光武器〉，《人民網》，2014年7月15日，http://military.people.com.cn/BIG5/n/2014/0715/c1011-25283757.html（瀏覽日期：2017年9月15日）。

5 全國幹部培訓教材編審指導委員會組織編，《加快推進國防和軍隊現代化》（北京市：人民出版社，2015），頁93。

6 U.S. Department of Defense annual report to Congress, *Military Power of the People's Republic of China 2007* (Washington, D.C.: U.S. Department of Defense, 2007), p. 12.

7 "India and China: Building International Stability: Lt Gen Zhang Qinshen," *IISS*, June 2, 2007, https://www.iiss.org/en/events/shangri-la-dialogue/archive/shangri-la-diaogue-2007-d1ee/second-plenary-session-edfb/lt-gen-zhang-qinshen-e442 (Accessed 2016/10/15).

8 汪莉絹，〈香山論壇開幕，常萬全：對話不對抗〉，《聯合報》，2016年10月12日，版A9。

9 尹航、邵龍飛，〈第八屆北京香山論壇開幕〉，《解放軍報》，2018年10月26日，版2。

戰略思維。

然而，這些盡可能降低周邊國家疑慮，以及攏絡中國大陸對外關係的外交辭令，用於實際的解放軍軍事訓練、治軍要求，就並非全然如此。尤其是在習近平主政後，除了懷柔的「中國夢」，亦有高壓的「強軍夢」，也就是要求在現代化之外，還要實戰化的軍隊建設，解放軍除了要能打仗以外，還要打勝仗。[10]回歸到軍事戰略層面，當前的「積極防禦」絕對不是挨打的戰略理念。按照中國大陸國防大學出版之《戰略學》、《戰役學》說法，戰略上提到的後發制人並非是消極的等待挨打，[11]積極防禦的精髓更在於主動殲滅敵人。因此，所謂開第一槍標準的認定，也就有先決條件，其中包括暴力恐怖勢力、宗教極端勢力、民族分裂勢力，皆是解放軍開啓先制作戰的理由。[12]

中共軍事戰略思維隨著中國大陸在不同時期內外環境的變化而轉變，在「有所作爲」的要求下，解放軍在必要時刻便會選擇強化先制打擊的發展路徑。[13]其中，以信息化爲核心，各類型武器研製必須符合遠程精確化、智能化、隱身化、無人化要求，以及置重點於殺傷力、機動力與綜合防護力性能升級之武器裝備機械化建設，成爲目前觀察中共現代化軍力建設之重點。

貳、戰略意圖塑成

無論是中國威脅論、中國責任論、中國機遇論，或是中國崩潰論，對中共而言，建立足夠的綜合能力去應對國家發展進程中會遭遇之各種挑戰與威脅，其中最重要的就是必須具備應有的軍事能力。這是中共積極發展軍力的核心考量，也是在習近平主政後深刻認知到中國大陸在國際發展空

10 中共中央宣傳部編，《習近平總書記系列重要講話讀本》（北京市：學習出版社，2014），頁138。

11 彭光謙、姚有志，《戰略學》（北京市：軍事科學出版社，2005），頁426。

12 U.S. Department of Defense annual report to Congress, *Military Power of the People's Republic of China 2007*, pp. 12-13.

13 U.S. Department of Defense annual report to Congress, *Military Power of the People's Republic of China 2007*, p. 13.

間下的戰略利益，已無法迴避與西方歐美國家正面較量、競爭。當戰略利益不斷拓展，國家對軍事能力的需求必定隨之提高，也必須具備應處各種形勢變化的能力。因此，中共認為在和平穩定環境條件下發展經濟，其解放軍軍事能力就要滿足：與世界軍事發展相適應、與中共國際地位提升相適應、與國家面臨安全威脅與維護日益拓展的戰略利益相適應之要求。當前解放軍軍力發展之戰略意圖，有承襲，亦有創新，區分為預防戰爭、懾止戰爭、控制戰爭三種層次。

一、預防戰爭

預防戰爭，是指平時運用政治、經濟、外交和軍事等多種手段，對國家或地區之間可能爆發的武裝衝突，所預先採取的主動防止、抑制、規避的一系列行動。目的在於藉由有效的戰爭準備，或其他政治、經濟、外交等措施，緩和、化解矛盾或降低衝突強度，使日益加劇的政治矛盾在政治架構內和平解決。中共認為在當代國際政治中，外交爭端、經濟摩擦、民族衝突、種族矛盾、宗教糾紛、資源爭奪、領土爭端等因素皆增加了政治衝突轉化為戰爭的可能性。因此，如何預防、控制和避免戰爭和戰爭升級，不僅有了更大的必要性與迫切性，而且有了更大的現實可能性。

在預防戰爭層次中，中共認為戰爭是可以預防和避免的，但是要滿足一定的條件，包括必不可少的物質準備和有利的內外環境等客觀條件，以及指導者的遠見卓識、高超的政治智慧與謀略藝術等主觀條件。中共認為戰爭與和平的相互轉化必須具備一定條件。此一規律受到政治、經濟、外交、軍事和戰爭形態等多種條件的影響。[14]欲達到預防戰爭的戰略目標，就必須從制約和促進戰爭與和平轉化的現實條件及客觀環境角度，準確判斷和把握戰爭與和平的現狀及發展趨勢，確立預防戰爭的目標、戰略、策略、方法和途徑，從而為實現這些做出具體實踐的努力。

14 李德義，《當代軍事理論與實踐的思考》（北京市：軍事科學出版社，2011），頁37-39。

（一）消弭敵國發動戰爭意念

中共認為要有效預防戰爭，就要以高度的政治智慧和靈活的鬥爭策略，有針對性地消弭敵國發動戰爭的意念。對於正常的政治經濟交流，在平等互利、不影響本國主權尊嚴前提下，可以正常進行；惟對於敵國意圖侵略他國領土及資源，則應從意志上進行徹底消除。

（二）與友好國家結成統一戰線

中共對外關係始終強調統一戰線的重要性。如同《共產黨人》刊物發刊詞提到：「統一戰線，武裝鬥爭，黨的建設，是中國共產黨在中國革命中戰勝敵人的三個法寶」。[15]因此，在新戰爭威脅始終存在情形下，中共仍然採取建立廣泛統一戰線的方式來預防戰爭。其中包括鞏固、擴大與世界一切愛好和平的國家的統一戰線；建立新型戰略合作夥伴關係，充分發揮國家在聯合國的重要影響力，阻止霸權主義利用聯合國發動侵略戰爭任何企圖。第二，加強對中國大陸持敵對態度的國家內有識之士與友好人士的統一戰線，建立多種形式和管道的友好往來，使之成為遏制發動戰爭的重要力量。第三，加強各黨派、各人民團體之間的統一戰線，使敵望而生畏，預防戰爭的爆發。

（三）擴大反戰輿論造勢

中共廣泛運用報刊、廣播、電視、網路等多種媒體形式，加強國家安全觀的教育。其中，在政治意識形態主導下，強化反對美國帝國主義和霸權主義之本質屬性教育，進而增進愛國主義理念，建立全民憂患意識和危機意識，使預防戰爭的觀念，從思想上築起預防戰爭的心理建設。

（四）著力發展自身不對稱優勢

要有效預防戰爭爆發，在力量對比相對較小的情況下，中共採用的策略是團結一切愛好和平的力量，對敵形成不對稱優勢。其中包括謀略優勢、手段優勢。中共積極發展令敵方畏懼之精度高、威力強、難防禦的武

15 毛澤東，《毛澤東選集第2卷》（北京市：人民出版社，1991），頁606。

器裝備，能夠對敵實施毀滅性打擊。其次是瞄準要害。中共認爲就算敵人總體強，但必定尚存強中之弱；本身總體雖弱，卻也有弱中之強。因此，重點在找到敵方的要害點和關鍵點。發展不對稱的作戰手段和能力，從而達到遏制和預防戰爭目的。

二、懾止戰爭

懾止戰爭，是藉由強大的軍事威懾、堅定的作戰意志和雄厚的戰略資源展示，以及積極的政治外交努力，使敵人認識到發動戰爭的付出之危險性與得不償失的後果，從而放棄戰爭計畫，或是讓已經爆發的戰爭縮小規模、降低強度，直至停止戰爭行動。中共對懾止戰爭的認知包括二個關鍵點：第一，是要有足以影響戰略全域的威懾力量；第二，是要有使用戰略威懾力量的決心和意志。

懾止戰爭的能力要素主要包括意志決心、軍事實力、戰爭潛力和綜合國力。意志決心是國家維護領土主權和民族尊嚴的根本，是形成國家綜合威懾能力的核心；軍事實力是國家武裝力量的集中體現，是懾止戰爭的重要工具和手段；戰爭潛力包括各種戰略資源以及對這種資源的統配使用能力；綜合國力代表了國家的經濟、科技、人才等領域的發展水準，是支撐國家建設發展和應對戰爭的重要基石。以上四個領域的水準和現狀，直接關係到國家建設發展的穩定性和可持續性，關係到能否有效懾止戰爭的成敗。

（一）核心要素：堅定的意志和決心

主要是指精神、意志和決心在戰爭中的作用，對於戰勝對手至關重要。中共遵循毛澤東提出「在戰略上藐視敵人，在技術上重視敵人」的重要思想，按照「你打你的，我打我的」戰術，在敵強我弱的形勢下，集中優勢兵力打殲滅戰，逐步由戰場優勢轉化爲戰略優勢，由戰略防禦轉化爲戰略反攻，最後奪取和鞏固國家政權。中共認爲這是懾止戰爭的有效方法，依賴敢打必勝的決心和意志，以及人民戰爭戰略和戰術，在戰爭爆發前就已戰勝敵人。

其次，中共認爲要有效維護國家安全，制止敵對勢力的戰爭冒險，同樣離不開維護國家安全與主權領土完整的堅定意志與決心。中共體認到當前中國大陸周邊形勢、安全挑戰依然險峻，不僅面對全球霸權主義戰略壓力，也必須同時處理許多爭議。因此，中共認爲唯有以不惜「一戰」的決心制止一些國家的非分之想，準備戰爭尋求避免戰爭，才能以小打制止大打，避免出現最壞的局面。

（二）重要支柱：強大的軍事實力

軍事實力是綜合國力的支柱，也是有效解決國際爭端的最終「仲裁者」。在中共的認知中，認爲霸權主義從來不相信眼淚只相信拳頭。因此，軍事實力是世界都能聽懂的語言。把握自身國力發展和衡量他國實力的關鍵尺度仍是軍事實力，是根據相關國家的軍事實力狀況而不是根據他們的外交辭令來制定有關戰略和策略。只有具備一定的軍事實力並具有展示和運用這種實力的決心，才有可能有效懾止或延緩戰爭的爆發。

軍事實力既具有實戰功能，也是一種重要的威懾手段，具有「不戰而屈人之兵」的能量。軍事實力主要包括軍隊規模、官兵素質、力量編成、軍事訓練、武器裝備、投送能力等多方面，既涉及傳統範疇，也涉及太空、網路等新的領域。在軍事威懾和實戰能力上，主要表現則爲軍事硬實力和軍事軟實力。其中，軍事硬實力主要是指武器裝備數量及規模，是物質基礎和有形載體；軍事軟實力主要包括精神理念、綜合素養、體制編制、技術水準等，是作戰力量的核心與靈魂。只有實現軍事軟硬實力的良性互動和協調發展，才能建構更強大的國家軍事實力。

（三）強大的戰爭潛力是懾止戰爭的可靠保障

戰爭潛力是國家經動員轉化爲可用於實現戰爭目的的潛在能力。戰爭潛力的大小，取決於國家的經濟狀況、科技水準、文化傳統和教育程度，以及人口、領土和資源等條件，主要包括人力、物力、財力和精神力量等。戰爭潛力是評價一個國家實力的重要領域，也是一個國家戰爭能力的重要基礎之一。運用戰爭潛力懾止戰爭，是國家或政治集團之間的特殊政治行爲方式，主要透過展示強大的戰爭支持能力和持續作戰能力，影響敵方戰略判斷，使其放棄戰爭行動，從而達到維護本國利益、遏止戰爭爆發的目的。

中共建政後，特別是改革開放以來，其戰爭潛力有了快速發展，國防工業體系形成規模，戰爭動員體制日漸完善。在此基礎上，中共自認當前的中國大陸具有以往不具備的人力、物力和財力資源競爭條件，擁有中國特色的有效管理與動員體制與機制，以及強大的民族凝聚力與向心力。此外，中共亦注重加強國防戰略物資儲備、國家基礎設施建設及高技術軍事人才培育，提升國防工業信息化、智能化水準，加強軍隊與科研院所合作，增大國家對軍事科研、軍事人才隊伍的控制能力。這些對戰爭潛力轉爲戰爭能力具有重要意義，都是潛在對手不得不認眞思量的。

三、控制戰爭

控制戰爭，是指從維護國家安全及核心利益出發，綜合運用政治、經濟、外交、軍事等手段，對已經爆發的戰爭在強度、規模、範圍及進程上所進行的控制，是處理戰爭、和平與安全關係的一種戰爭自覺意識的能動反應，也是爲了減少戰爭損失、降低生命財產損耗的重要途徑。由於戰爭動因的複雜化、戰爭領域的拓展化和制勝因素的多元化，使戰爭的不確定性增加，而控制戰爭的核心是以最小的代價贏得戰爭，最高原則是有利於國家長治久安。因此，雄厚的綜合國力、強大的軍事能力和先進的資訊技術是有效控制戰爭的重要條件。

（一）控制戰爭是對推動戰爭的相關因素的逆向運用

控制戰爭與戰爭要素的構成和發展變化具有一定的依賴性和反作用，與戰爭相關的各種因素，都可以成爲控制戰爭的正能量。當前，控制戰爭可運用的因素日益增多，除了傳統的政治、外交和軍事手段之外，多種國際法規則、生態和文化環境、經濟、科技、文化、民心、民意等領域也已成爲控制戰爭的重要因素，被廣泛地運用於控制戰爭的實際進程中。控制戰爭不僅有了日益迫切的社會需要，也有了可以實現的能力和手段，控制戰爭成為更加自覺的行動。

（二）控制戰爭重在對戰爭系統的整體控制

控制戰爭就是對戰爭系統各要素的整體性控制，主要包括對戰爭目的、手段、物件、時間、空間等層面的制約。現代戰爭必須自覺接受政治目的的制約，努力推進「政治問題軍事化」向「軍事問題政治化」轉變。由傳統的對大量有生力量的殺傷和對物質財富的占有，逐步向剝奪和消除對手的抵抗意志及抵抗能力的方向轉化。在戰爭手段層面，現代資訊技術和精確制導技術的迅速發展為控制戰爭手段的多元化提供了新的技術基礎。在戰爭物件層面，戰爭物件應僅限於直接打擊和毀傷敵以軍事設施、軍事裝備為主的軍事目標，不應造成居民生命財產的附帶損傷。在戰爭空間層面，特別要求和平利用太空，反對太空軍事化與戰場化。在戰爭時間層面，戰爭指導者應盡可能控制戰爭流程，儘快終止戰爭，儘早結束戰爭。

（三）控制戰爭是對各種和平力量的高效利用

一是國際力量的合法利用。充分發揮聯合國為代表的國際或地區組織、不結盟國家和其他維護世界和平的力量；依據《聯合國憲章》制約戰爭的積極作用，充分發揮聯合國在國際武裝衝突中的調停、斡旋功能，促成戰爭或軍事衝突的和平落幕。二是自身力量的合法利用。透過對本國戰略資源及力量的綜合運用，以多種形式對已經爆發的戰爭進行能動控制。

參、信息化之現代軍力建設

主要是指包括指揮（command）、管制（control）、通信（communication）、電腦（computer）、情報（intelligence）、監視（surveillance）、偵察（reconnaissance）在內信息化之軍隊指揮自動化系統建設。這股由美軍掀起的革新趨勢，對世界各國的軍事事務都產生程度不一的影響。其中，對解放軍而言，主要是大幅朝向各軍種信息化軍力建設方向進行轉型。檢視其信息化現代軍力建設歷程，則是包括江澤民（1989-2004年）、胡錦濤（2004-2012年）、習近平（2012年迄今）三位擔任中央軍委會主席時期迄今。

在1990年代，中共中央軍委會成立「全軍指揮自動化建設委員會」，在各大單位亦設置指揮自動化建設領導小組，統籌規劃、管理與協調解放軍全軍指揮自動化建設工作。爲了能夠統一指揮自動化系統技術，以及部隊指揮控制系統之標準，中央軍委於2001年5月頒發《指揮自動化建設綱要》，該綱要是解放軍首部專門規範、指導指揮自動化建設之法規性文件。[16]於此期間，解放軍全軍作戰部隊光纖線路已通達80%「團」級（regiment）單位，以及45%之後勤部隊，其指揮自動化網亦與「團」一級作戰部隊與後勤分部連結。中央軍委也在此時明確訂定「建設信息化軍隊、打贏信息化戰爭」戰略目標，解放軍全軍指揮自動化建設開始向全面信息化建設發展。2004年3月，中共中央軍委決定成立全軍信息化領導小組，統籌軍隊信息化建設。其中，該領導小組亦設有專家諮詢委員會，職能定位是中央軍委與解放軍全軍信息化領導小組之輔助決策機構，並且提供有關軍隊信息化建設之理論、技術諮詢服務。此外，該領導小組亦設有全軍信息化工作辦公室，特性是領導小組之辦事機構，以及綜理軍隊信息化工作，編制在總參謀部通信部（2011年改編爲總參謀部信息化部），職掌信息化作戰與建設具體組織管理事務。

在解放軍全軍信息化建設領導管理體制下，各軍（兵）種、各大軍區皆設置相對應之組織機構。其中，在「軍」級（group army）單位亦設有領導小組和辦公室。解放軍全軍信息化建設領導體制確立後，無論是定期召開小組會議、追蹤外軍軍事變革與軍隊轉型形勢，或是分析解放軍信息化建設的現狀，制定與指導信息化建設相關政策、法規，具有統一領導與統籌協調之功能，進而推動信息化建設快速發展。

除了體制方面增加信息化工作的專責單位外，解放軍無論是在主戰武器裝備，或是信息化的指揮方式亦有許多改變。尤其是在信息基礎設施

16 劉海藩編，《歷史的豐碑：中華人民共和國國史全鑑7（軍事卷）》（北京市：中共中央文獻出版社，2005），頁608。

方面，置重點於指揮所通信與通信站臺裝備之信息化。其中，按照信息傳輸原理與技術的差異，解放軍分別建置衛星、戰略短波通信系統，以及光纖網路的鋪設，配合通信保密等加密技術之自主設計，解放軍通信系統的信息化也就能夠滿足軍事訓練、戰備、機動和日常軍事任務等實際要求。2006年8月，解放軍軍事綜合信息網（一般亦被稱爲軍網或軍隊內部網）建成，提供解放軍文電處理、視頻服務、語音和電子郵件、信息檢索等多種應用業務。[17]其次，在指揮信息系統方面，主要應用在作戰指揮、戰備值勤、演習訓練、救難救災，以及科學試驗等方面。解放軍在總部層級、軍、兵種、戰區指揮所之間建置國防戰略通信網；在總部建置情報系統；在軍（兵）種混編之戰區戰役層級亦建有指揮控制系統，且在戰術層級單位完成基礎的指揮自動化系統，這些在一定程度上有助於提升解放軍軍事信息傳輸與處理能力，以及具備保密、抗干擾、抗毀能力等信息基礎設施的積極建置，也大幅改善指揮管理之效能。除此之外，解放軍也很重視包括氣象、測繪等作戰信息保障系統之建置，皆顯現出解放軍軍力現代化，受到基礎信息建設的逐漸完善，而有直接影響。主戰武器裝備信息化程度之提升對現有武器裝備改良改造工作，以及在實際操作運用中能夠直接反映於裝備精確制導、目標探測、指揮控制、通信、導航功能升級，以及藉由研究來應用於新一代主戰艦艇、飛機、戰車、火砲的信息化，具有實際影響。至此，解放軍信息化已經進入一個全面快速發展時期。[18]

第二節　解放軍現代化軍事能力

習近平提出中共在新形勢下的強軍目標，是國防和軍隊建設的總綱。以此對照中共十八大政治報告提出在21世紀中葉要能實現現代化目標可發現，國防和軍事的現代化是不可或缺之一環。強軍目標之強，很重要的體現在核心軍事能力上，也就是要求解放軍必須具有預防、懾止和

17 申永軍、武天敏，〈我軍軍事綜合信息網建成開通〉，《解放軍報》，2006年8月25日，版1。

18 王法安編，《中國和平發展中的強軍戰略》（北京市：解放軍出版社，2013），頁75-77。

控制戰爭的實力。因此，在信息化加速發展的當今時代，以實戰（actual combat）爲著眼，解放軍的核心軍事能力植基於資訊系統的體系作戰能力。現代高技術戰爭，核心軍事能力是制勝之要、打贏之本，加強和提升核心軍事能力是軍隊職能所繫、使命所在，是當務之急，刻不容緩。[19]

其次，解放軍積極研製各項軍事武器，各軍、兵種將持續獲得更多新技術裝備。隨著軍事武器裝備不斷更新，解放軍軍隊組織形態、技術形態，以及運作方式，也將以實現軍隊信息化建設而做出相應轉型。解放軍積極推進由機械化轉向信息化發展，實現由數量規模型向質量效能型、人力密集型向科技密集型轉變，提升基於資訊系統爲平臺之作戰能力。其次，解放軍將持續加強陸軍、海軍、空軍、火箭軍之軍隊建設，增益戰略支援部隊、聯勤保障部隊有效支應新型態戰爭作戰能力，加速汰除老舊落後裝備，將新型作戰力量建設視爲戰略重點，並在改革具體作爲中落實。

壹、指揮領導體制能力取向與發展格局

軍隊指揮領導體制是軍隊運作、軍事能力展現的主軸。解放軍調整、改革軍隊指揮領導體制的目的，即是在實踐習近平提出的強軍、興軍發展路線，解決軍隊作戰指揮權、政治領導權、行政管理權之合理配置與高效運作問題。

一、中共中央軍委決策模式

主要強調中共中央軍委與15個軍委直屬職能部門之間關係。解放軍爲能有效解決總部之間權力分散，各自對下級形成垂直化運作問題，在決策模式方面，採取以下三種精進方案：第一，成立陸軍部隊專責領導機關，亦即各方所稱之「陸軍司令部」，由此區隔改變過去由四大總部管理地面部隊軍事建設現狀，並可提升其職能成爲中共中央軍委更有效能之幕僚或執行機構。第二，強化軍委間的橫向協調機制。主要是在中共中央軍

19 黃明村，〈聚焦強軍目標提升核心軍事能力〉，《解放軍報》，2014年1月22日，版7。

委辦公廳內落實綜合協調職能，確保軍委決策能夠有效實行。第三，在中共中央軍委會內部成立「軍委機關事務管理總局」，負責中央軍委與各部門之間決策聯繫之職能。此一屬於協調聯繫之常設決策機構，僅爲中央軍委決策服務，本身不具領導、管理、指揮權力，卻須善盡決策建議之責，達到保持中央軍委權力集中，並能與各總部和軍、兵種間增進協調聯繫關係。

二、完備聯合作戰指揮體制

實現一體化聯合作戰目標，是強軍發展軸線上的重點工作。解放軍爲提升軍事能力，朝向積極完備聯合作戰指揮體制方向發展。解放軍的重點主要在健全中共中央軍委、戰區、部隊三個層級的聯合作戰指揮體制。解放軍將重點置於建立能夠指揮各戰區聯合作戰方面之指揮機構。爲了能夠將各軍種的指揮權集中於聯合作戰指揮機構，成立陸軍部隊領導機關，改變四大總部兼具地面部隊職能現況，再加強戰區體制功能，將可有效提升解放軍聯合作戰指揮體制。

三、加強軍隊建設統籌規劃

中共中央軍委會於2015年成立「軍委戰略規劃辦公室」，同時在各層級單位中設置軍隊戰略規劃專家組、戰略規劃機構。解放軍建立戰略管理機制的目的，是將國防與軍隊建設嘗試以科學管理方式統籌規劃。儘管如此，戰略規劃機制在解放軍體系中仍在起步階段，爲能促其功能發揮，進而反映於軍隊建設、軍事能力，解放軍持續強化包括：制定軍隊戰略規劃條例，藉由立法方式明確定位戰略規劃委員會、戰略規劃部，以及專家組等職權，明確各軍、兵種戰略規劃機構與中共中央軍委會在軍隊體制編制、戰場與武器裝備建設、人力資源管理、軍事預算規劃等方面之職責，構建解放軍戰略規劃工作整體架構。[20]

20 王法安編，《中國和平發展中的強軍戰略》，頁171-172。

貳、各軍、兵種戰鬥能力取向與發展格局

戰鬥能力展現關鍵繫於各軍、兵種兵力組成結構。因此，注重信息化條件下聯合作戰需求，不斷優化各軍、兵種兵力結構，升級作戰系統性能，成爲推進強軍目標之基。其中，解放軍陸軍在面對海軍、空軍，以及火箭軍結構持續強化同時，也在積極藉由軍事能力轉型，適應更多在內陸地區多種地形、多種作戰對象、多種作戰樣式，以及執行非戰爭性軍事任務需求。另小型化、模組化成爲海、空軍與火箭軍主要的建設發展方向。其中，海軍部隊近年來藉由亞丁灣護航任務，已經累積眾多遠航經驗，對於適應海上獨立作戰、聯合作戰，以及執行非戰爭性軍事任務的能力已大幅提升，各種任務式的編組能力也愈趨靈活。其次，空軍部隊則是以適應多樣化軍事任務爲建設要求，積極建構多機種航空聯隊編組與任務執行能力。第三，在火箭軍方面，仍以常規導彈發射部隊與各種保障部隊爲建設重點，爲能配合遂行不同規模之作戰任務與非戰爭軍事任務，也朝向編組一些機動火力和保障單位與裝備編組，以增進軍事任務能力。

一、四大軍種轉型與運用

（一）陸軍部隊能力取向與發展格局

解放軍陸軍部隊持續朝向以「重型」、「中型」與「輕型」三種類型之兵力結構發展。作爲戰略主宰的陸軍部隊，仍將是實現戰爭終極目標的核心力量。解放軍從世界上近年來發生的區域型局部戰爭形態，對陸軍部隊轉型改革提出新的思考。解放軍陸軍部隊改革必須適應資訊時代戰爭需求，陸軍部隊主要任務不再是攻城掠地，而是透過兵力、火力、電磁力、資訊力的廣泛機動，在最佳時間、地點形成局部絕對優勢，對敵實施突然、精確、綜合打擊。其中，重型陸軍部隊主要擔負攻堅作戰任務；中型陸軍部隊主要擔負各種條件下的作戰任務；輕型陸軍部隊則以特種作戰與機動作戰任務爲主。三者之間的兵力結構比以2：5：3爲最適。

陸軍部隊戰略作用表現爲隨機反應、快速機動摧毀敵軍意志，實現有

效奪占和控制。此外，解放軍陸軍部隊仍爲中國大陸周邊地區之軍事安全保障。在周邊14個陸上鄰國中，中共仍有地緣政治之戰略考量。陸軍部隊建設轉型必須適應信息化戰爭要求，充分考慮國家地緣環境的複雜性，按照應對多種安全威脅、完成多樣化軍事任務與需要，將軍事力量採取合成化，並且掌握作戰編組模組化、戰場感知即時化、指揮控制數字化，以及綜合打擊高能化，作爲新型地面部隊建設的基本方向。[21]

陸軍部隊發展取向是以信息化戰爭和一體化聯合作戰爲牽引，改變過去分兵種建設的模式，以能力建設爲目標構建力量體系，改進或精簡傳統作戰力量，發展新型作戰力量，加強新質作戰能力建設，全面提高空地一體、遠程機動、快速突擊、精確打擊、資訊作戰和特種作戰等能力，實現陸軍部隊力量結構的立體化、多能化、數位化。[22]

（二）海軍部隊能力取向與發展格局

《中國海洋二十一世紀議程》指出：「中國應該實行以發展海洋經濟爲中心的海洋戰略」。顯見21世紀解放軍海軍部隊的建設和發展必須以維護國家的海洋權益爲基礎。[23]爲了有效維護國家的海上安全和海洋利益，以及爭取主動的海洋戰略地位，海軍部隊正在順應軍事事務革新潮流，適應國家經濟發展能力，積極快速發展海軍軍力，並且著重科技強軍工作。海軍部隊正積極以戰鬥力爲標準規劃海軍武器裝備建設。

2013年7月，習近平主持中共中央政治局第八次集體學習時提到：建設海洋強國是中國特色社會主義事業的重要組成部分，要進一步關心海洋、認識海洋、經略海洋，推動海洋強國建設不斷取得新成就。此一戰略決策亦提供海軍部隊發展軍力設立新的戰略目標。在發展海權和建設海洋強國的過程中，海軍建設是一個必不可少的關鍵環節。首先，由於海軍的作戰環境、作戰空間、作戰理念和作戰目標均發生了變化，因此海軍部隊

21 鹿錦秋編，《大聚焦：十八大後中國未來發展若干重要問題解析》（北京市：研究出版社，2013），頁327。
22 閻永春，《由陸制權：處於十字路口的陸軍及其戰略理論》（北京市：解放軍出版社，2014），頁209-211。
23 曲令泉，《藍色呼喚》（北京市：海潮出版社，2013），頁212。

的建設思想和角色定位已轉向奪取制海權爲使命的藍水海軍轉型。其次，海軍部隊的主戰裝備主要是以反水面艦艇、對岸突擊以及兩棲戰力較強之海上武裝力量，而防空與反潛能力仍然不足。因此，未來海軍部隊將強化這兩方面能力的建設。[24]

（三）空軍部隊能力取向與發展格局

2014年4月14日，習近平至空軍機關就空軍建設和軍事鬥爭準備進行調研時強調：要加快建設一支空天一體、攻防兼備的強大人民空軍，爲實現中國夢、強軍夢提供堅強力量支撐。[25]按照此一政策指示，空軍部隊將著重於以空制海、以空制地作爲空軍建設的目標。其軍事力量之構成亦朝向航空航天、防空防天和資訊作戰拓展；行動範圍力求涵蓋領陸、領空、領海，以及有資源開發權和管轄權的海洋與國家利益涉及的其他領域。

空軍部隊目前已經形成了以新型戰機、地空導彈等武器裝備構成的體系作戰力量。在未來發展趨勢方面，將加速推進武器裝備信息化建設，大幅提升空軍核心軍事能力。基此，空軍軍武科技發展亦將結合軍民融合政策，重點包括加快構建以國防軍工集團爲主體、軍內外科研機構和院校爲依託、民口單位爲補充的新型武器裝備科研生產體系。在推動軍工集團跨行業融合方面，亦將積極發揮軍工集團主力作用，推動航空、航天、兵器、電子裝備技術領域的深度融合，集成創新。促進高新技術成果向空軍武器裝備的應用轉化，不斷提高武器裝備自主創新發展能力，引導優勢民營企業參與裝備研製生產。[26]

（四）火箭軍能力取向與發展格局

共軍火箭軍、海軍潛艇戰略導彈部隊、空軍戰略轟炸機部隊構成中共三位一體核戰略力量。其中，火箭軍是中共核力量主體，兼具威懾和實戰雙重使命。以解放軍火箭軍的發展取向而論，火箭軍軍武裝備具有五項特

24 楊震、石家鑄、王萍，〈海權視閾下中國的海洋強國戰略與海軍建設〉，《長江論壇》，第2期，2014年4月，頁72-76。

25 〈加快建設空天一體、攻防兼備的強大空軍〉，《僑報》，2014年4月23日，版B01。

26 徐子躍，〈新形勢下推動空軍軍民融合深度發展的思考〉，《國防》，第1期，2014年1月，頁23-25。

點：

第一，各型導彈更加齊備。檢視目前解放軍對外公開之新型主戰武器，包括各種不同射程之地對地常規導彈、常規陸基巡航導彈、核常兼備的地對地中遠端導彈、洲際戰略核導彈等。各型導彈的齊備代表中共戰略導彈武器已由單一型號發展爲近程、中程、遠端和洲際導彈並存的導彈大家族。

第二，導彈體積更小、性能更強。目前火箭軍的導彈，大幅採用固體燃料推進劑新技術，導彈體積因而得以變得更小，但其性能卻能依用途做出更具特性的調整設計。

第三，導彈威力更強。火箭軍充分展示「核常兼備、固液並存、射程銜接、戰鬥部種類配套」之完整裝備體系發展。

第四，導彈精度更高。火箭軍從過去單一制導方式，現已發展爲多種制導方式並存。同時也實現了自動化、智能化選擇精確制導，透過與多種保障要素協同，可突破風雲、雷電等氣象禁區。特別是陸基巡航導彈，能夠多發連射、低空飛行、隱蔽突防、精確制導，打擊樣式和作戰能力已實現新的突破。

第五，導彈機動更迅速。火箭軍導彈全部採用車載發射方式，大幅增進導彈部署之靈活性與機動性。

二、兩大部隊的成立與功能

（一）戰略支援部隊

結合太空空間（outer space）、網際空間（cyber space）以及電磁空間（electromagnetic space）三種新型作戰空間於一體的戰略支援部隊是解放軍利用高新國防科技支援四大軍種、五大戰區遂行戰場環境偵察、電子對抗等整合「偵攻防」作戰能力於一體之新型作戰力量。[27]與其說是新創建之高科技部隊，事實上其戰力來源大多來自軍改前的總參謀部、總後勤

27 John Costello, "The Strategic Support Force: Update and Overview," *China Brief*, Vol. 16 Iss. 19, December 21, 2016, pp. 6-7.

部，以及總裝備部之情報、監偵單位之重新組合。因此，戰略支援部隊成立後，能夠有效將情報和進攻、防禦之科技作戰能力加以統合，無論是負責網路攻防的網軍、從事導航衛星、各類偵察任務之軍事航天部隊，或是對敵方雷達、通信進行干擾、誤導之電子戰部隊，[28]皆充分顯示出戰略支援部隊相較於其他軍種對引進、培育高科技人才的渴求。

爲了能夠實現在平戰時期皆具備有效遂行航天任務、各類遙感衛星遙測追蹤，以及指揮、情報、監視、偵察等職能在內之運作能量，戰略支援部隊充分運用軍民融合策略，積極網羅民間高科技研發人才加入。其中，依據2017年7月公布之《培養新型作戰力量人才戰略合作框架協議》即指出戰略支援部隊分別和中國科技大學、上海交通大學、西安交通大學、北京理工大學、南京大學、哈爾濱工業大學等6所大學，以及航天科技集團有限公司、航天科工集團有限公司、電子科技集團有限公司等3間軍工企業聯合進行科技人才培養和進用制度，重點包括：高新科技人才培養、創新團隊建設、尖端科技研究，以及展開優秀人才輸送接收、啓動專門培訓項目、建設實踐鍛鍊基地、推進專家學者交流、深化教學科研與技術合作等項目。[29]戰略支援部隊以「創新」作爲部隊戰力組建之特色，[30]也反映出科技強軍之具體實踐。

（二）聯勤保障部隊

後勤戰力的再進化調整亦爲展現國防科技應用之能力展現。2017年9月13日，中共中央軍委成立聯勤保障部隊，下轄武漢聯勤保障基地，另於無錫、桂林、西寧、瀋陽、鄭州5地設立聯勤保障中心（如圖4-1）。聯勤保障部隊各級幹部涵蓋四大軍種，除了武漢聯勤保障基地隸屬後勤保

28 屠晨昕，〈全球首創中國「戰略支援部隊」誕生背後〉，《新華澳報》，2016年3月15日，版03。

29 李國利、宗兆盾，〈戰略支援部隊與地方9個單位合作培養新型作戰力量高端人才〉，《新華網》，2017年7月12日，http://big5.xinhuanet.com/gate/big5/news.xinhuanet.com/mil/2017-07/12/c_129653824.htm（瀏覽日期：2017年8月15日）。

30 Elsa Kania, "China's Strategic Support Force: A Force for Innovation?," *The Diplomat*, February 18, 2017, http://thediplomat.com/2017/02/chinas-strategic-support-force-a-force-for-innovation/ (Accessed 2017/8/15).

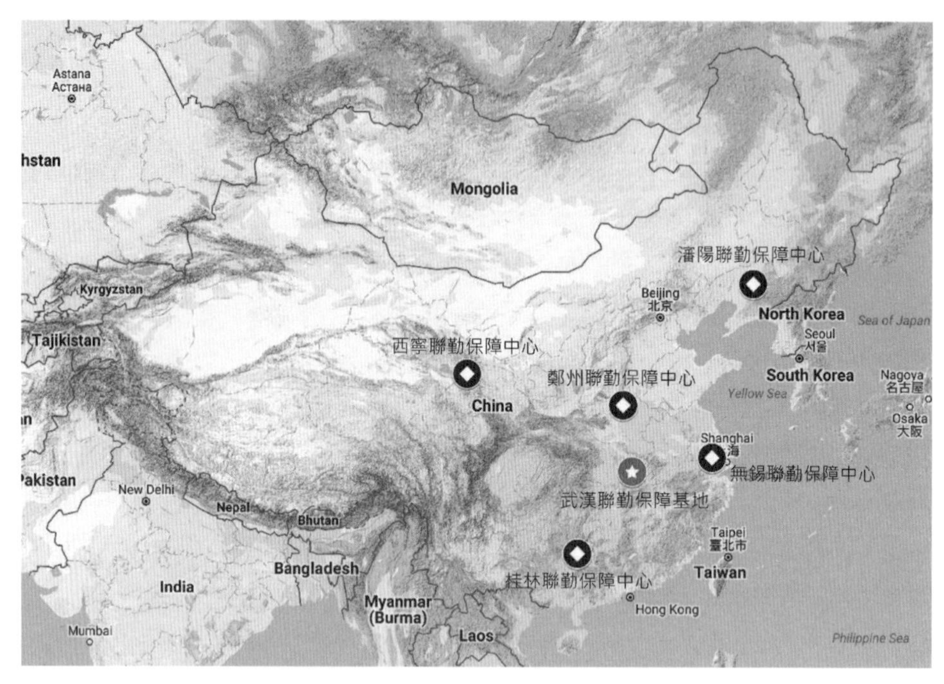

圖例：直屬中央軍委後勤保障部　配置各大戰區

圖 4-1　聯勤保障部隊保障基地、中心分布圖

資料來源：筆者參照Google Map自行繪製。

障部，由中共中央軍委直接指揮外，其他五處聯勤保障中心則分別納入五大戰區系統，並且納入各戰區聯合指揮中心，負責戰區部隊之武器裝備維護和維修工作。改革後的解放軍聯勤保障制度，除了反映各戰區的物資、醫療、運輸等戰力支援工作必須能夠達到自給自足要求標準外，更必須能夠對解放軍建立聯合作戰戰力提供快速、有效支應。因此，這支後勤部隊在平時的聯合訓練中，亦不斷測試各地聯合保障中心之戰勤值班運作機制，[31]同時必須充分應用民間資源，同樣是軍民融合策略的具體展現。

以無錫聯勤保障中心為例，依據2017年2月公布之《關於加速推進軍

31 熊剛、高潔、郭彬，〈揭秘新成立的中央軍委聯勤保障部隊〉，《中國青年報》，2017年1月19日，版11。

事鬥爭準備提升聯勤保障能力的決定》，強調：「從爲兵向爲戰轉進，瞄準戰場需求搞保障，用打仗標準提高服務水準；從民用向軍用轉化，發揮醫療、軍交、油料等保障要素的軍地通用屬性，探索軍地聯建聯管模式；從靜態向動態轉型，加大針對性、適應性訓練比重，提升應急保障能力」。[32]另據公開資料顯示，該中心將工作重點置於長江三角洲地區，且爲了實現優質高效保障目標，針對駐地內之民用資源必須建立一套能夠有效動員運用的體制。因此，該中心與當地國有大型交通運輸事業合作，成立戰略投送支援船隊，大幅增進解放軍戰略投送和海上支援保障能力。[33]此外，該中心亦注重空中、海上、地面之救護、運輸、投送等能力建置，以實現「聯合保障體」爲目標，反映解放軍欲藉由軍民融合策略，開展聯勤保障工作。

三、應急作戰部隊建設與運用

解放軍部隊正面臨應對多種安全威脅、達成多樣化軍事任務需要的挑戰，強化應急機動作戰部隊軍事能力，增加試驗部隊成爲肆應安全形勢變化的選項。其中，應急作戰部隊主要在肆應各種形式的軍事任務，依聯合作戰、反恐、維穩、搶險救災、海外軍事行動等不同需求，建構相應之任務執行能力與編組。其次，試驗部隊的角色與功能並不在應急任務遂行，而是根據未來戰爭型態以及信息化條件下聯合作戰需求，參照外軍經驗所編成之聯合作戰部隊結構。

四、強化「合成旅」軍事能力與裝備

在解放軍陸軍部隊編制中，五大戰區13個集團軍下轄多數的「師」級（division）與「旅」級（brigade）單位。儘管「合成旅」的數量持續在解放軍陸軍部隊編成結構中增加，若檢視中國大陸省軍區、軍分區、衛

32 孫郵、高潔，〈無錫聯勤保障中心緊盯戰場制訂新年度練兵備戰路線圖〉，《解放軍報》，2017年2月20日，版1。

33 曹吳戈、葉皓龍，〈民船參軍——中國版遠征船塢登陸艦浮出水面〉，《廣東交通》，第2期，2017年4月，頁16-18。

戍區等國防體制下之軍隊編制，以「師」級爲單位的各兵種合成化編組情形仍然普遍。隨著武器裝備發展趨勢，以及部隊必須適應多樣化作戰任務要求下，將「師」級單位轉型成爲合成旅已成爲未來發展趨勢。此外，在合成旅的編制下，「合成營」則成爲基礎作戰單位。此層級可依據各種作戰任務靈活編成，賦予適量的武器裝備，強化指揮管理人才建制，並增加必要的支援保障單位，由「師」級轉「旅」級的兵力結構成爲陸軍部隊軍事能力發展取向。

參、軍事後勤能力取向與發展格局

解放軍對於後勤軍事能力之要求包括：以保障武器裝備爲基本內容；以保障聯合作戰與聯合軍事行動爲基本職能；以全軍一體、軍民一體的聯合保障爲基本方式；以資訊技術支持的精確保障爲手段；以現代科學管理謀求效益現代化爲運行機制。爲滿足建設信息化軍隊實際需求，解放軍仍將持續深化後勤體制改革。

一、大聯勤體制改革

解放軍爲提升後勤保障效率，保障各軍、兵種聯合作戰需求，正持續深化大聯勤體制改革，並著重以下重點：第一，層次升級，解放軍同步建立中央軍委層級指揮，以及戰區聯勤兩種層次運作，發揮戰略後勤主體作用；第二，明確隸屬關係，解放軍期望建立眞正面向全軍、服務全軍、保障全軍之「等距」聯勤保障體制；第三，調整職能，釐清總部後勤、戰區後勤、部隊後勤之間的職能；第四，擴大範圍，由聯勤體系統籌管理通用物資與部分專用物資，各軍、兵種保留具有技術性、數量不多的物資與勤務保障，並且將裝備保障納入聯勤保障範疇；第五，強化關聯，連結計畫、保障、管理各環節，建立多邊合作、矩陣管理之現代化保障模式。

二、後勤、裝備綜合保障

解放軍順應世界軍事科技發展趨勢，認爲裝備保障已成爲軍隊後勤保障工作之新重點。結合後勤保障與裝備保障爲一體，爲後勤軍事能力改革之新亮點。解放軍發現，在現代戰爭中，裝備維修、彈藥器材供應，以及裝備接收、報廢等管理工作，皆與後勤體系原本的運輸、倉儲、財務、修護等工作性質雷同，且關係密切。刻意獨立後勤與裝備體系，不僅在制度設計上疊床架屋，並且影響工作時效。解放軍認爲英國、美國、法國等軍事大國的軍隊後勤體制皆爲「大後勤」制度，亦即無論平時或戰時；戰役或戰鬥，皆是將裝備保障技術與後勤保障視爲一個整體，統籌規劃實施，各種保障部隊也都作爲同一裝備模組之共同部分而統一運用。解放軍認爲後勤、裝備綜合保障的模式，就是將軍隊經費物資供應、醫療、運輸、營舍，與武器裝備共映、修護融爲一體，且有利於軍隊保障工作績效提升，是軍事後勤能力取向之必然選擇。

三、深化後勤社會化

主要是指將軍隊後勤納入國家經濟活動的總體系統內，充分運用軍民融合概念，利用各地的人力、物力、財力與科技等技術、資源優勢爲軍隊服務，形成軍地銜接、軍民兼容保障體系。深化後勤社會化是配合中國實施國家經濟改革轉型之必要性措施，其重點包括：第一，擴大社會化保障範圍，例如：財務、醫療、運輸、油料、軍需、營舍、後勤裝備、科技、人才培養等方面，利用地方企業或部門共同承擔，軍隊只保留與作戰訓練相關，社會資源無法承擔之保障工作。第二，主戰部隊後勤保障在不影響作戰訓練原則下，向外導入社會提供服務，例如：營舍、水電修繕等，以利主戰兵力專注於作戰與訓練任務。第三，將平時裝備製造商納入戰時裝備保障體系。解放軍發現，在各式裝備愈趨先進的發展趨勢下，西方國家的軍隊後勤發展已將民間承包裝備技術之廠商一併納入後勤保障體系，特別是在後勤、裝備綜合保障發展下，解放軍將朝向建立軍工企業，將民間社會力量納入戰時或危機時之軍隊後勤保障體制。

肆、軍事裝備管理能力取向與發展格局

檢視解放軍建軍歷程，武器裝備體系之建立與中共建政後的政治、經濟體制，以及國內外環境變化需求息息相關。1998年4月，中共中央軍委決定將「國防科學技術工業委員會」、「總參裝備部」、「總後軍械部」整併成爲「總裝備部」，儘管軍改後再更名爲「裝備發展部」，至今仍爲領導管理解放軍武器裝備科研生產之重要單位。然而，當中共的經濟面臨改革轉型，現行的裝備管理體制也就隨之面臨完全脫離傳統計畫經濟體制之裝備管理制度改革壓力。

一、完善調控與資源配置能力

主要的重點有三：第一，在中共中央軍委領導原則下，解放軍戰略規劃部門須與作戰部門、裝備部門、作戰理論研究部門緊密合作，做好武器裝備軍事需求分析與高層規劃。亦即按照「打什麼仗，造什麼武器」的原則，確定武器裝備發展方向與重點。第二，建立與完善決策機制，由戰略需求論證部門、中央軍委裝備發展部、各軍、兵種相關部門組成聯合委員會，針對裝備發展政策、重大項目進行聯合審查與討論。第三，提高武器裝備系統分析，更準確地分配、運用國防資源，降低投資成本，發展效益較高的武器裝備。

二、結合集中領導與分散管理

主要聚焦於兩種能力發展：第一，提高裝備管理效益能力，強化裝備發展部領導機關核心職能，做好政策規劃、預算監督工作；直接管理戰略性武器發展項目，確保集中統一領導。第二，根據裝備項目實施分級管理，將管理權適時下授各軍、兵種適當層級，發揮軍、兵種武器裝備部門職能與人員效能。

三、推動項目管理制度

係指與垂直管理體制形成之交叉矩陣式管理。解放軍推動項目管理制度主要著重在：第一，建立項目管理辦公室，針對技術複雜、費用高、關鍵裝備等重大項目進行管理。第二，完備項目管理運作體制，包括接受賦予任務的項目辦公室之領導、監督，以及對裝備項目科研、生產、採購、修護等實施全壽期管理。第三，聯繫軍事代表機構與項目管理辦公室關係，釐清雙方權責。

四、強化裝備監管能力

自1990年代末，中國大陸經濟實力因「改革開放」政策奏效，令中共得以享有因經濟增長所快速累積的國家財富，並用於各項發展建設。其中，關於國防事務與軍隊建設方面，在習近平強軍發展路線導引下，從水下到太空，各軍、兵種、各式武器裝備持續不斷投入資金進行研發生產。因此，解放軍武器裝備在競爭與評估機制方面取得了豐富經驗與成效，惟卻因龐大的利益，進而突顯監管機制的欠缺。當反貪腐成爲習近平主政後的重要工作項目，解放軍亦開始著重武裝備之行政、財務、審計之監管能力。藉由強化監督機制，確保武器裝備建設體系能夠健全運作。

第三節　國防科技強軍之機會與限制

武器裝備是科技應用的結果，也是國防科技工業最具體明確的產品。因此，中共要以「強軍」實現「強國」目標，就必須配備相應的武器裝備。其中，武器裝備建設離不開國防科技；國防科技水準亦決定武器裝備發展水準。[34]在中共積極推動國防科技工業發展後，已可在導彈、艦船、航空、航天等領域看見其具體發展成果。從具有公信力之媒體報導亦可發現，中國大陸自製的武器裝備不僅能夠提供解放軍所用，部分亦能外銷至東南亞、非洲等發展中國家，進而躋身爲世界第三大武器出口國。因

34 周碧松，《中國特色武器裝備建設道路研究》，頁188。

此，若從發展結果而論，中共採用的軍民融合策略確實奏效。如同習近平所言，軍民融合發展既是興國之舉，也是強軍之策。在和平時期，軍民融合進程愈快，愈能贏得發展先機；在遭遇未來戰爭，軍民融合程度愈深，愈能贏得戰爭勝利。[35]這套被視為以國防科技強軍的國家發展戰略，體現出中共在富國強軍議題上的設計布局，卻也在此摸索的過程中，尚存有包括體制瓶頸、行業壁壘、安全管控等問題需要設法解決。

壹、發展機會分析

以軍民融合發展戰略為主軸的國防科技強軍作法在中國大陸尚處於起步階段，惟卻是在明確的政策導引下迅速發展。中共以「大國防」、「大融合」思維，積極推動軍地相關單位開展軍民融合各項工作，並且逐漸在武器裝備科研技術、軍民兩用技術產製體系方面形成繼續深化軍民融合戰略的發展路徑。中共以政府頂層為主導，調控「軍轉民」、「民參軍」之向度與維度，決定市場資源配置，以及軍方、民口單位之間在科技成果、人才、資金、訊息等要素之交流與融合。

一、武器裝備科研技術

解放軍武器裝備科研發展軸線，是朝向以滿足「信息化」與「一體化聯合作戰」需求而演進。依據中國大陸《武器裝備科研生產許可實施辦法》，武器裝備科研生產是指武器裝備的總體、系統、專用配套產品的科研生產活動。[36]在研發生產合作模式方面，解放軍軍事建設的運作模式是按照中國大陸國務院國防科技工業主管部門會同中央軍委會裝備發展部以及國內軍工行業主管部門三方共同制定之管理制度，進行各式武器裝備科

35 解正軒，〈深入實施軍民融合發展戰略，努力實現富國和強軍相統一〉，《解放軍報》，2015年5月7日，版1。

36 相關法規請參見2008年4月1日起施行的《武器裝備科研生產許可管理條例》，以及2009年11月12日公布之《武器裝備科研生產許可實施辦法》。

研生產工作。[37]其中，爲了加速國防科技工業發展，以2015年新版的《武器裝備科研生產許可目錄》爲例，中共逐漸在武器裝備科研生產許可項目上縮小許可管理項目，較2005年版減少約三分之二，也藉此擴大與吸納優勢私營企業進入包括和核子、導彈、航空、航天、飛機、艦船、兵器、國防電子、武器裝備等領域從事科研生產與維修工作。[38]2018年12月，中國大陸國防科技工業局、中共中央軍委裝備發展部再聯合發布2018年版《武器裝備科研生產許可目錄》。延續前一版本政策作法，在七大類285項項目中，再次減少62%。其中，大幅度取消設備級、部件級項目、取消軍事電子一般整機裝備和電子元器件項目、取消武器裝備專用機電設備類、武器裝備專用材料及製品類和武器裝備重大工程管理類的許可。[39]

這種讓私營企業進入國防科技工業領域，目的在藉此提升武器裝備軍事技術，以及國防科技工業自主創新能力。從各軍種武器裝備建設而論，積極尋求以信息化引導機械化之軍種轉型已成爲不可逆之趨勢。[40]因此，增進武器裝備信息化程度，並且持續導入環保節能、新材料和新能源技術應用，以提升武器裝備效能，成爲下一步發展之重點。其次，藉由武器裝備科研技術的精進，也有助於帶動軍民領域投入新一代高新技術和高端裝備之科研與生產。

二、軍民兩用技術產製體系

軍民兩用技術是指與產品、服務、標準、加工或採購相關的詞語，以及能夠分別滿足軍事應用和非軍事應用的產品、服務、標準、加工或採購。[41]無論是軍品技術轉爲民用，或是民品技術轉化爲軍用，抑或是在研究開發中能夠同時滿足軍民用途之技術，目前中國大陸國防科技工業在軍

37 〈武器裝備科研生產許可管理條例〉，輯於國務院法制辦公室編，《法律法規全書》（北京市：中國法制出版社，2014），頁457-458。

38 舒本耀編，《民企參軍，促進與探索：武器裝備建設軍民融合式發展研究報告2015》（北京市：國防工業出版社，2015），頁59-60。

39 蔡金曼、鄒維榮，〈二〇一八年版武器裝備科研生產許可目錄發布〉，《解放軍報》，2018年12月28日，版1。

40 劉繼賢，《軍事科學創新與發展》（北京市：國防大學出版社，2009），頁720。

41 董曉輝，《軍民兩用技術產業集群協同創新》，頁26。

民兩用技術開展方面，已逐漸形成重點領域，且初具成果。例如：國防科技工業已實際參與載人航天、深空探測等屬於國家戰略性新興產業重大科技項目。而在國家關鍵基礎設施方面，包括光纖通訊、機場、港口、鐵路建設融入新一代資訊科技，以及新材料、新能源、環保節能技術等民用科技轉應用方面，亦能誘導私營企業參與，共同開發。

中共著眼於國家利益，統籌國家安全與國家發展事務，特別注重國家基礎設施建設，以及包括軍隊規模、官兵素質、力量編成、軍事訓練、武器裝備、投送能力等綜合面向之軍事實力。因此，除了要求軍隊必須注重高技術軍事人才培育，不斷提升國防科技工業信息化、智能化水準，擴大與增加軍事科技向民間的轉用，並且藉此引入新觀念、新思維，亦爲增進國防科技產製體系發展之可行作法。其中，加強軍隊與國內科研院所合作，擴大民間資源投入國防科研工作，進而強化國家在軍事科研、人才隊伍養成能量，不僅能優化武器裝備之開發與升級，提高軍隊戰力，科研人員與技術的轉用，亦能投注於國家戰略性新興產業發展。這是一種可以同時滿足軍民雙方和國家經濟發展需要的可行方案。

三、軍民融合深度發展

2016年5月，中共中央軍委頒發《軍隊建設發展「十三五」規劃綱要》，內容指出統籌推進軍民融合發展建設和工作，用軍民融合方式發展國防科技工業、促進戰略性新興產業是中共重要的經濟轉型策略。[42]可見推動軍民融合深度發展是加速傳統國防科技工業與民用科技工業調整、優化、升級的作法，以構建國家軍民一體的工業創新體系。[43]國防科技工業是中共國防現代化的重要工業和技術基礎，亦是國民經濟發展的戰略性產業和科學技術現代化的重要推動力。[44]由此檢視其發展機會，常見的策略手段就是活絡「軍轉民」和「民參軍」管道。首先，「軍轉民」是指軍工

42 〈中央軍委頒發《軍隊建設發展「十三五」規劃綱要》〉，《人民日報》，2016年5月13日，版1。

43 時剛，《強軍夢的進軍號角：加快推進國防和軍隊現代化》（上海市：上海人民出版社，2014），頁138、142。

44 江澤民，《論科學技術》，頁136。

技術、科研生產能力和人員向民用領域的轉移，[45]也有利用軍工生產能力和軍工技術為國民經濟服務之意。[46]一般常見的作法是由國有軍工企業設立子公司，將原本屬於軍用領域的技術，按照民用和市場需求考量，著力進行民用領域設備或產品研製。此外，亦有軍工企業與私營企業共同合作開發民用市場形式。[47]其次，「民參軍」則是在可開放的範疇內，吸引私營企業或地方具領先地位之軍事武器裝備科研生產，以及後續維修保障之資源進入軍事領域，進而實現軍民一體、平戰結合，高效動員。[48]在資訊時代背景下，愈是屬於高端科技技術，其軍民通用程度也會愈高。中共在軍民融合深度發展方面注重「軍轉民」、「民參軍」管道運作的暢通與健全，成為產業成功發展之另一重要關鍵。

貳、限制因素分析

從國防科技視角檢視中共現代化軍力建設的內在動能發現，儘管近年來中共解放軍各軍、兵種武器裝備在質與量方面皆獲得大幅改善，惟這股在軍力現代化進程具有關鍵作用的國防科技工業仍然在產業結構、自主創新、管理效率，以及保密體制等方面存在限制。[49]

一、國防科技產業結構

最明顯的現象在於中國大陸從事國防科技工業的人員結構，多數集中在輕、重兵器的研發與生產。相較於未來戰場上決勝於通信、資訊、航空、航天等尖端科技領域或工業產業之投入人員則相對較少。其次，檢視中國大陸國防科技工業基礎設施、主要設備，以及生產工具等尚未實現全

45 懷國模編，《中國軍轉民實錄》（北京市：國防工業出版社，2006），頁13。
46 曹世新，《中國軍轉民》，頁29。
47 華曄迪，〈千餘項軍民融合技術成果亮相北京，已成規模投入民用〉，《中國軍網》，2016年6月15日，http://www.81.cn/gnxw/2016-06/15/content_7102809.htm（瀏覽日期：2017年8月15日）。
48 肖振華、呂彬、李曉松，《軍民融合式武器裝備科研生產體系構建與優化》，頁91。
49 周碧松，《中國特色武器裝備建設道路研究》，頁189-191、197-199。

面的自動化生產，部分工藝甚至仍然是由人工進行操作。這些生產製造技術的限制，對於產能、精度、品質等技術水準的提升自然形成限制，也連帶影響解放軍在進行軍隊信息化建設或應急準備所需之高新技術武器裝備之換裝進程。這種不均衡的生產結構，對武器裝備生產能量形成限制，而具有高科技尖端技術產業的研發單位數量，在國防科技工業體系結構中的現存比例，尚有大幅增加空間，亦可發現國防科技工業產業結構的調整與變革動能不足，導致武器裝備科研生產能量尚難與世界軍事武器大國進行全面性競爭。

二、國防科技自主創新能力

學者張太銘在《Forging China's Military Might: A New Framework for Assessing Innovation》一書中對中國大陸國防科技創新能力的評估時提到，中共想要發展高新科技技術，以及可和美國或他國競爭對手較勁之武器裝備。然而受到缺乏必要的科技能力，以及研發成本高昂等因素影響，其成果數量仍然不足。[50]除了外國學者，中國大陸學者亦認爲其武器裝備研製的創新能力與國際水準仍存有一定的差距，且無法滿足解放軍打贏信息化條件戰爭之要求。[51]其中的主要原因，在國防科技工業必需的關鍵材料、元件、動力技術等方面仍難以突破技術瓶頸。其中，無論是空軍裝備J-20隱形戰機，[52]或是陸軍裝備WZ-10武裝攻擊直升機，[53]在過去的研發過程中，都曾在發動機問題上受制於外國技術的突破。

除了產業上的技術能力限制外，其產業結構亦面臨側重軍品研發的問題。其中的主要原因在既有的軍工產業體系下，原本就是一套以研製軍品爲主的體系，惟在軍民融合戰略下，除了軍用技術外，民用技術的轉移亦很重要，在研發人員與經費大多集中於軍事用途，便不利於形成適應軍民

50 Tai Ming Cheung edited, *Forging China's Military Might: A New Framework for Assessing Innovation*, p. 277.

51 段婕，《中國西部國防科技工業發展研究》（北京市：經濟管理出版社，2011），頁346。

52 Ivan Fursov, "Chinese 'Mighty Dragon' doomed to breathe Russian fire," *RT*, March 11, 2012, https://www.rt.com/news/fifth-generation-j-20-russian-engine-261/ (Accessed 2016/10/15).

53 月絲，〈武直10存致命缺陷，或換裝新型發動機〉，《多維新聞》，2016年4月4日，http://military.dwnews.com/news/2016-04-04/59729811.html（瀏覽日期：2017年8月15日）。

融合高技術產業發展之科技支撐與創新體系之升級。

第三，國防科技基礎研究與高端技術之間的差距仍大，導致欠缺自主智慧產權（intellectual property rights）之核心技術。在中國大陸的國防科技體系中，主要仍是在既有的基礎研究上，跟隨型號研製需要，推出改良型的武器裝備精進版本。這種情形易導致在高端技術的投入有限，造成自主創新能力不足，也制約高新武器裝備技術發展，以及軍工產業之轉型升級。

三、國防科技管理效能

主要是指產業種類重複建設、同質性、發展規模、型態等產業管理問題。首先，如同本研究所述，中國大陸國防科技工業在軍民融合策略導引下，依循國家主導、需求牽引、市場運作的原則進行軍民產業整合。然而，就現況而論，國家政府層級尚欠缺一個能夠全面統籌國防科技工業軍民融合事務之權威管理機構，進而導致傳統的核工、航天、航空、艦船，抑或是與軍工技術同源或相近之環保節能等新興產業、高技術產業在缺乏規範管理情況下產生了重複建設、同質化競爭等問題。

其次，是軍方和政府部門相互協調與規範之管理運作方式，產生軍民融合工作之權責劃分問題。例如：儘管軍民雙方在開放項目下可共同參與國防科技工業，惟受到體系內之國有、私營軍工企業，以及科研院所的運作與經營仍然壁壘分明，為確保競爭優勢，尚難實現資源共享；另因管理層次過多，機構重複設置，導致審查、管理考核之制度形成限制，降低民間資源加入國防科技工業體系之意願。

第三，無論是國有軍工企業或是私營企業，皆存有保護主義心態，影響軍民兩用技術在實質上進行技術轉化成效。對於國有企業而言，擔憂在軍轉民的過程中，既有的國防科技基礎能力弱化；對於私營企業而言，則受制於利潤獲取之發展定位問題，導致彼此缺乏信心，連帶影響積極參與研發活動程度。

四、國防科技保密安全

安全是國防科技發展最重要的工作。從公開資料顯示，目前參與國防科技工業研製之私營企業對於保密工作的重視程度仍然不足。例如：在保密工作專責人力配置方面，主要問題在於專業能力不足，或是以兼辦業務方式處理國防科技保密工作。其次，是私營企業國防科技從業人員欠缺保密警覺，肇生洩密情事。第三，是保密技術強度不足，影響國防科技安全。檢視公開資料可見，在中國大陸的國防科研單位亦有發生網路混接或未區分資訊設備用途情形，[54]突顯資訊安全問題，以及研製機構之軍品、裝備生產場所並非獨立設置等問題，已對國防科技軍民融合深度發展構成安全風險。[55]此一軍民融合式的國防科技工業發展方式，一旦涉外與經貿往來事務頻繁，自然成為保密工作難題。

綜合以上所述，中共藉發展國防科技工業之力實現解放軍軍力現代化，惟受限於軍民融合策略相關配套作法猶待健全，以及軍轉民、民參軍之互動關係尚待持續強化，使得這條實現強軍目標之路仍在諸多挑戰和限制之下勉力前進。

54 例如：山東大學國防科學技術研究院於2011年2月21日在其官網公告：「關於安裝國防科技工業安全保密『六條規定』屏保的通知」，內容爲：爲加強安全保密管理，遏制失洩密事件的發生，國防科工局印發《國防科技工業安全保密『六條規定』》，爲提高「六條規定」的宣教效果，特制定國防科技工業安全保密「六條規定」的屏幕保護程序，要求在我校各軍工保密要害部位的計算機上安裝並學習。國防科技工業安全保密「六條規定」包括：一、禁止私自在機關、單位登錄互聯網；二、禁止在家用計算機處理涉密信息；三、禁止涉密網與互聯網連接或在連接互聯網計算機處理涉密信息；四、禁止私自留存涉密計算機、涉密移動存儲介質或涉密文件資料；五、禁止在涉密計算機與非涉密計算機之間交叉使用移動存儲介質；六、禁止擅自對外披露單位涉密信息和內部信息。見山東大學，〈關於安裝國防科技工業安全保密「六條規定」屏保的通知〉，《山東大學國防科學技術研究院》，http://www.gfy.sdu.edu.cn/articleshow.php?id=173（瀏覽日期：2017年8月15日）。

55 劉劍英、馮現永、景希朝，〈河北省國防科技工業保密工作的形勢與對策〉，《國防科技工業》，2012年12月，第12期，頁31-33。

第五章　興國

國防科技工業與國家戰略性新興產業

2016年7月28日，中國大陸國務院印發《「十三五」國家科技創新規劃》（國發〔2016〕43號），其內容提到「十三五」時期的科技創新原則之一就在「培育發展戰略性新興產業」（strategic emerging industries）。[1] 這個包含「戰略」、「新興」兩種特性的產業名詞，被界定爲：「以重大技術突破和重大發展需求爲基礎，對經濟社會全域和長遠發展具有重大引領帶動作用，知識技術密集、物質資源消耗少、成長潛力大、綜合效益好的產業」。[2]其中，主要的產業類別包括新一代信息技術、節能環保、新能源、生物、高端裝備製造、新材料、新能源汽車等項目，[3]且因富含經濟效益，成爲中共近年來以科技促進國家經濟增長的重要政策。

戰略性新興產業和國防科技工業的共同交集在於皆以科技作爲核心，不僅挹注解放軍武器裝備研製與換裝，在提升其技術、性能、品質、效能的同時，也同時帶動國家戰略性新興產業發展，進而貢獻國家總體經濟增長。例如：核能利用、載人航天、探月工程、北斗導航、載人深潛、航空母艦等工程技術成果，爲中國大陸經濟社會發展提供了有力支撐；另在「中國製造2025」戰略部署中，屬於國防科技工業範疇之高階數控機床和機器人、航天航空、海洋工程，以及高技術船舶等產業，也是實現「一

1　〈國發〔2016〕43號：「十三五」國家科技創新規劃〉，《中國政府網》，2016年7月28日，http://big5.gov.cn/gate/big5/www.gov.cn/gongbao/content/2016/content_5103134.htm（瀏覽日期：2017年8月15日）。

2　〈國發〔2010〕32號：國務院關於加快培育和發展戰略性新興產業的決定〉，《中國政府網》，2010年10月18日，http://www.gov.cn/zwgk/2010-10/18/content_1724848.htm（瀏覽日期：2017年8月15日）。

3　李悦編，《產業經濟學》（遼寧：東北財經大學出版社，2015），頁70。

帶一路」基礎設施建設目標之重要力量。[4]

2017年8月23日，中國大陸科學技術部、中共中央軍委科學技術委員會共同發布《「十三五」科技軍民融合發展專項規劃》，檢視科技軍民融合發展之7個方面、16項重點任務，亦可發現國防科技已成爲鏈結國家戰略性產業和高新技術產業發展之關鍵產業。[5]如同第二章所提到，在國家主導、需求導引、市場運作之政策引導下，中共不僅藉由軍民融合國防科技工業發展提升武器裝備的質與量，同時藉此推進國家戰略性新興產業技術創新發展目標。

第一節　以國防科技爲途徑之創新產業結構調整和優化

21世紀是科學技術全面發展的世紀，以科技、創新爲核心的發展思維，對全世界經濟產業造成直接且深刻的影響，產業結構也隨著生產技術、生活方式，以及價値認知的變化而快速變遷。這波科技和產業革新共同趨勢對於已經邁入工業化進程的已開發或發展中國家而言，又以生物技術、信息技術、新材料技術等領域的開發、應用最受到關注。[6]一般而論，產業的轉型與升級主要包括兩種意義：第一，從單一類型產業而言，主要是指從傳統老舊轉型爲現代創新的發展模式。亦即將過去高投入、高成本、高耗能、高污染、低產出、低質量、低效益的產業，設法轉型爲低投入、低成本、環保，卻能獲得高效精良的產品。第二，從跨產業領域而言，主要是要能前瞻未來產業發展趨勢，以及可大幅振興經濟增長的新興產業，採取有效策略領導轉型。[7]在此產業轉型布局思考下，中共順勢結合國防科技工業中的創新特性，從中爲國家產業結構轉型提供有力支撐與發展途徑。

4　趙磊編，《「一帶一路」年度報告：從願景到行動2016》（北京市：商務印書館，2016），頁160。

5　〈《「十三五」科技軍民融合發展專項規劃》出台對科技軍民融合發展進行了頂層設計和戰略布局〉，《中國軍轉民》，第8期，2017年8月，頁13。

6　方家喜，《新興產業金融大戰略：中國經濟的下一個支點》（北京市：經濟管理出版社，2013），頁16。

7　埃森哲中國編，《尋路產業轉型，激活供給側》（上海市：上海交通大學出版社，2016），頁1。

壹、以國防科技作為科技強國支撐

歷經高速經濟增長，當前中國大陸經濟正由增速轉向放緩的「新常態」局面，爲了不讓經濟「硬著陸」，自然必須轉型與升級經濟結構，也就是要將長久以來高度依賴投資驅動經濟發展模式，轉變爲以創新作爲驅動力的發展模式。在這種經濟轉型的背景條件驅使下，除了整合包括企業、大學、科研機構等國內科技創新能量外，若能融入國防科技創新資源，無非對中共要建立國家科技創新體系具有莫大助益。亦即貫通善用國防科技領域重大創新突破成果，可以牽引、帶動國家戰略性新興產業發展的想法。[8]中共認爲要實現科技興國、強國目標，科技創新是關鍵，尤其是在經濟全球化進程仍不斷加速深化，對世界各國經濟產業都直接造成程度不一的影響。因此，必須重視必要的科研項目投資，有計畫、有策略地培養科研人才，並且制定完善的智慧財產保護作法，確保以深化軍民融合策略推進經濟、國防領域科技創新的可持續健全發展。[9]

在中共軍民融合策略導引下，軍用、民用科技創新領域同時獲得科研預算的支持，進而能夠在原本的基礎上再朝向產業結構全面轉型升級目標前進。國防科技工業也是國家戰略性產業之一，在產業結構方面必須按照政策要求，以其科研生產促進國民經濟產業，以及產品質量升級，將國防科技工業基礎與民用科技工業基礎相結合成爲國家科技工業基礎。在政策作法方面，包括了在市場化、商業化條件下，擴大企業經營自主權，以及成立股份化的大型軍工企業集團，以強化市場競爭力。另一方面，透過生產管理與運作體制的調整，也要將軍民兩用科技生產、開發、製造、採購等機制置於更成熟的市場環境，並且和國際市場接軌。其次，爲了加強國防科技工業能夠更密切地與民間科技產業結合，中共也特別重視在民用科技方面以信息技術爲核心之航天技術、新材料技術、生物技術等高新科技產業的持續發展，[10]一方面持續推動產業結構與產品優化升級，更可對武

8 喬玉婷、鮑慶龍、李志遠，〈新常態下軍民融合協同創新與戰略性新興產業成長研究——以湖南省爲例〉，《科技進步與對策》，第9期，2016年9月，頁103-107。

9 秦紅燕、胡亮，《中國國防經濟可持續發展研究》，頁145。

10 陳曉和，《中外國防經濟安全比較研究》（北京市：中央編譯出版社，2012），頁36。

器裝備研製與生產形成支撐和保障，進而強化企業平戰轉換能力。

在習近平提出「中國夢」論述後，科技強國便成爲圓夢的有效處方。基此，中共在發展策略方面也制定了建設國家創新體系之具體作法，包括了技術創新體系、知識創新體系、國防創新體系、區域創新體系，以及中介服務體系，[11]可見中共將國防科技納入國家創新體系建設不僅有理念，亦已規劃相關作法。首先，產業人才是進行科技創新不可或缺的關鍵條件。近年來，中共非常重視大學教育中應用型人才的培養，一方面鼓勵在校學生踴躍參加科研活動，另一方面也積極吸引國外人才。在過去只強調軍用科技發展時期，科技人才大多先補充解放軍相關科研單位，從事武器裝備科研，惟如此一來受到軍方保守、封閉環境的影響，科技人才開始減少與民用科技市場接觸的機會，長久下來受到工作環境的限制，弱化了科研人才的素質和競爭優勢，導致人才浪費。在技術創新的思維下，人才的活用與流動是變革的重點，儘管在國防科技領域中仍有多處具有保密性，但藉由制度的設計與完備，不僅能夠放寬軍用技術向民用市場延伸，民用科技領域人才也能夠得到更多與國防科技接觸的機會，讓科研人才能夠發揮專長的領域和意願增加，且更有助於科研人才的活化與投入意願。

其次，要能以國防科技促進民用科技和經濟發展，必須在智慧產權方面做出更完善的設計，一方面確保國防科技安全，另一方面能夠活絡民用科技市場繁榮。技術創新必須有充沛的資金與優秀的人才，惟在創新思維之下，無論是軍用或是民用科技的研發成果皆攸關國防和商業祕密，必須要制定法規予以保護。在現代資訊科技應用領域愈來愈廣的趨勢下，任何研發成果的流通速度和管道也愈來愈多，當科學不再區分國界，採取必要的保護與限制措施規範科學家，則是中共在開放軍民兩用技術深化交流之外，另一顧慮的重點。因此，中共深知產業結構的調整和優化需要透過技術水準的提高來支撐，[12]而納入國防科技確實有利於促進技術創新之民間產業結構轉型，惟在此過程中，必須積極制定一系列保護智慧產權的法

11 蘭義彤，《追逐中國夢》（貴陽：貴州人民出版社，2013），頁95。
12 李錫炎編，《現代戰略學研究》（成都：四川人民出版社，2000），頁254。

律。[13]中國大陸經濟現正面臨產業結構調整、優化的轉型時期，必須在原有發展模式之外，找出能夠增進經濟發展的有效方式，導入國防科技工業能量，逐漸融合軍用與民用技術，成為有力的支撐和目前的重點工作項目。

貳、結合國防與經濟建設戰略布局

將國防科技作為支撐產業結構轉型和經濟增長的力量，是檢視中共推動軍民融合戰略的一大看點。其中，同時布局國防與經濟建設則可做為實際的驗證。2016年3月25日，中共中央政治局會議通過《關於經濟建設和國防建設融合發展的意見》，這部為了促進軍民融合提升至國家戰略層級，要在建成小康社會期間實現富國和強軍統一所制定的法規，和國務院、中央軍委會的職掌相關，其內容也明確指出要進一步將國防和軍隊建設融入經濟社會發展體系，將經濟布局調整與國防布局結合起來，不斷提高經濟建設、國防建設融合發展程度。[14]此一政策方針確立後，其策略可以區分為戰略對接、規劃相承、反映實需三方面而論，其內涵包括國家與地方的發展戰略、中央與地方的政策規劃，以及需求和發展的實際需要，並且講求整體的統籌協調。

一、戰略對接

主要是指軍民融合國家戰略與各地區域發展戰略必須對接。當前中國大陸各地方無一不大力開發，追求經濟利益，惟受到地理環境、經濟條件、財政基底等條件差異影響，區域之間各自為政、自成體系的現象導致利益分割、行業壁壘的問題開始出現，無論是對國家戰略的對接、或是區域之間的合作仍有所不足。近年來中共已將區域發展納入國家總體發展戰

13 胡宇萱、李林、曾立，〈軍民融合與技術創新〉，《國防科技》，第2期，2017年4月，頁5-6。

14 〈中共中央國務院中央軍委印發《關於經濟建設和國防建設融合發展的意見》〉，《解放軍報》，2016年7月22日，版1。

略之中，其中包括「一帶一路」、「長江經濟帶」建設、京津冀協同發展，以及東部、中部、西部、東北地區等老工業基地的區域協調發展等「三大支撐戰略」加上「四大板塊」發展策略，[15]都是統合區域發展的重要項目。在此構想中，加入軍民融合思維，同步發展國防與經濟，則能夠結合區域內生產力和戰鬥力的提升，形成戰略對接和融合局面。

二、規劃相承

主要是指在中央與區域發展方面必須加入「從需求側、供給側同步發力」的改革思維。[16]2016年10月19日，習近平參加第二屆軍民融合發展高技術成果展時，點出中國大陸在產業結構和經濟轉型方面必須朝向打造技術先進的龍頭工程、精品工程。[17]此即表示當中共在各地著力推動軍民融合戰略之際，也將改變中低階產品過剩、高階產品供應不足的問題。這種從「世界工廠」（world factory）轉變爲「世界市場」（world market）的經濟轉型思維，利用軍民兩用高科技技術，改變常規經濟發展中只重視商業利益，卻忽略在精密、先進技術方面的持續升級。中共在科技強國的思維中，正設法擺脫「代工」製造模式，並且植入「創新」領導思維。儘管尚有許多需要克服難題，成效不易在短期中顯現，惟從在政策方面不斷要求在區域發展的同時必須兼顧軍民融合產業布局，[18]關注市場和戰場的實際需求和供給端，可見其轉型主軸是以地方依循中央政策規劃方式，推動體制機制改革創新。

三、反映實需

主要是指國防和經濟建設必須因地制宜，均衡發展。以現況而論，中

15 熊麗，〈區域協同聯動效應初顯〉，《經濟日報》，2017年9月2日，版3。

16 元彥梅、劉晉豫、余江華，〈「兩側同步發力」促進軍民融合深度發展〉，《軍事經濟研究》，第4期，2017年4月，頁9-11。

17 〈習近平參觀第二屆軍民融合發展高技術成果展強調加快形成軍民深度融合發展格局〉，《中國科技產業》，第11期，2016年11月，頁8。

18 陶春、郭百森，〈軍民融合提升區域創新能力的對策研究〉，《軍民兩用技術與產品》，第17期，2016年9月，頁54-56。

國大陸的區域發展並不均衡，資源富裕地區與貧瘠地區；金融產業活躍地區與加工製造產業密集地區、軍工產業基礎厚實地區與薄弱地區的分布差異大，欠缺軍民融合發展環境。[19]中共爲能實現軍地關係融合發展，利用產業結構調整和經濟轉型之際，結合國家戰略和各區域的特性、優點和潛力，以國家資源集中投入爲思考，制定發展重點、改革策略與方法之區域均衡發展總體規劃。尤其是在以科技、創新爲設想下，產業結構的優化升級，將反映在民間企業兼併重組、生產相對集中，以及產能小型化、智能化等產業組織特徵方面。[20]此外，整合區域經濟發展中軍工企業和非軍工企業的工藝技術能力和創新動力，可以提升資源利用效率，並且擴大國防生產能力。在軍民兩用技術同時在發展建設中形成良性循環，便能在軍用科技和民用科技之間建立供需雙方科技創新的聯繫平臺。

參、共同關注開發新興領域

依據中國大陸社會科學院數量經濟與技術經濟研究所做出的產業發展報告指出，工業發展除了要適度擴大需求外，也要落實「去產能、去庫存、去槓桿、降成本、補短板」關於供給側結構性改革之五大任務。[21]爲了突破「中等收入陷阱」（middle-income trap），研究亦指出中國大陸必須注意新興產業發展態勢，加強創新投入，著重核心技術、關鍵技術的自主研發，將傳統製造業轉向高端領域發展，提升工業效率與質量。[22]可見，中共已然發現其產業結構轉型的動能來自科技，搶占的領域則是與高端產品、品牌經營與供需之新興產業領域。智能化、數位化正成爲中共推動傳統製造產業升級轉型之趨勢，目標在2025年建立智慧製造規模，並且

---

19 于川信，〈論軍民融合發展戰略的四個關節點〉，《中國軍事科學》，第6期，2016年12月，頁111。

20 吳敬璉、厲以寧，《供給側改革：經濟轉型重塑中國布局》（北京市：中國文史出版社，2016），頁282。

21 韓明暖、劉傳波編，《形勢與政策》，頁72。

22 中國社會科學院數量經濟與技術經濟研究所編，《產業中國2016》（北京市：經濟日報出版社，2016），頁17-18。

在重點產業項目部分初步實現智慧轉型。[23]

從戰略形勢與產業轉型領域的發展空間而論，中國大陸新興產業在航空、航天、海洋、網際網路四大領域的發展具有基礎和優勢。中共近年來積極投入這四大領域產業建設，站上軍事和科技制高點，即可證明無論是軍用科技或是民用科技領域已在其中找到各自的功能定位，且在維護國家安全的戰略主動權與拓展國家利益方面做足準備，掌握先機。這些兼顧國防與經濟建設的戰略思維正符合《孫子兵法・始計篇》所言：「能而示之不能，用而示之不用」之韜晦之術。中共仰仗其雄厚的經濟實力，在大多數國家仍在偏重自由市場經濟貿易和傳統產業優化之際，一方面顯露中國大陸對全球經濟的影響力，另一方面更是隱而不顯地從軍事戰略和經濟戰略兩個面向，積極投入新興領域拓展開發。

一、航空領域

2010年9月，中共正式將航空產業納入國家戰略性新興產業。依據《國務院關於加快培育和發展戰略性新興產業的決定》文件中，航空產業中的大飛機（含發動機、機載）、支線飛機（含發動機、機載）、通用飛機（含直升機）被列入，開始受到國家重點培育和支持。[24]航空產業是高端製造領域的重要部分，在最新公布的《「十三五」國家戰略性新興產業發展規劃》中亦將航空發動機、民用飛機、產業配套、航空運營列爲航空產業四大發展目標。[25]可見無論是基於開發航空領域商業利益需求，或是處理航空領域安全需求，引進和培育航空產業及其他關聯產業皆爲經濟與國防建設共同關注的重點。

二、航天領域

航天戰略性新興產業主要包括航天技術在節能環保、資訊和高端裝備

23 〈中國創新發展見成效〉，《大公報》，2017年9月15日，版B03。

24 歸永嘉、李韶華、雷杰佳，《劍橋學子航空人：中國工程院院士張彥仲》（北京市：航空工業出版社，2015），頁390。

25 〈《「十三五」國家戰略性新興產業發展規劃》出台，明確航空產業四大發展目標〉，《中國航空報》，2016年12月22日，版A01。

製造等領域之轉化應用與融合發展。事實上自中共成功開啓「兩彈一星」時代後，便不遺餘力地建立自主可靠、功能完備、技術先進、長期連續穩定運行的衛星應用產業鏈，並且以衛星通信廣播、衛星導航定位、衛星遙感及綜合應用發展和產業化推進爲重點。中共著重衛星及其應用產業，欲建立太空基礎設施和應用服務體系，目標在全世界航天領域中取得新機。[26]航天戰略性新興產業是基於高新技術和新興產業相互融合，代表國家科技創新和產業發展方向，[27]只是這個領域涉及多個軍方和民間科研單位、部門，一方面需要強勁的科技實力，另一方面更需要充沛資金作爲基礎，在領域開發方面自然需要軍民融合之力。

三、海洋領域

海洋科技的創新與突破決定著世界海洋產業的發展導向和變化趨勢，也決定著一個國家傳統海洋產業提升和新興海洋產業培育的進程。[28]目前在中國大陸海洋戰略性新興產業類型包括：海洋生物醫藥業、海水淡化和綜合利用業、海洋可再生能源業、深海裝備製造業，以及深海戰略資源開發等產業，[29]是一項產業技術附加値高、經濟效益顯著、資源消耗低的知識密集、技術密集、資金密集產業。[30]事實上，中共近年來開始重視海洋資源開發的原因，不僅只是主權或安全方面的維護，還有更多的經濟利益皆需要以軍民融合的思維來強化其權益管控，並且營造海洋戰略優勢。

四、網際網路領域

中國大陸網際網路領域發展包括應用新一代資訊技術結合製造業，以

26 欒恩杰，《航天領域培育與發展研究報告》（北京市：科學出版社，2015），頁53。
27 王紅麗、馮靜，〈航天戰略性新興產業發展問題探究：以河北省廊坊市爲例〉，《人民論壇（中旬刊）》，第32期，2014年11月，頁215。
28 劉康，〈我國海洋戰略性新興產業問題與發展路徑設計〉，《海洋開發與管理》，第5期，2015年5月，頁73。
29 張耀光，《中國海洋經濟地理學》（江蘇：東南大學出版社，2015），頁247。
30 寧凌，《中國海洋戰略性新興產業選擇、培育的理論與實證研究》（北京市：中國經濟出版社，2015），頁30。

有效因應全球製造業格局變遷和國內經濟發展環境變化。在新興領域發展趨勢方面，包括以網際網路、物聯網（internet of things）、雲計算、大數據等廣泛應用資訊技術定制化生產方式，逐步取代傳統大批量生產方式。此外，利用網路群眾外包（crowdsourcing）、異地合作設計、大規模個性化訂製，以及精準供應鏈管理方式，則能夠促進企業競爭優勢。其他應用領域尚包括虛擬化技術、3D列印、智慧工廠、電子商務等等皆對未來製造業技術、生產和產品價值產生重大改變。[31]中共在「十三五」規劃中，強調「中國製造2025」之製造強國概念，其中網際網路的創新發展與應用，不僅增強製造業競爭實力，同樣也能滿足國防和軍隊建設重大需求，這也是中共重視信息化軍民融合，開發利用、共享核心關鍵資訊技術，帶動全局發展的主要原因。

第二節　戰略性新興軍民產業聯動力

在中國大陸，戰略性新興產業被視爲是強軍富國的新基石，關係著國家未來經濟和社會發展。因此，爲了能夠同步推動經濟增長、社會進步、軍事現代化，從「集中力量辦大事」的思維出發，融合軍民聯動之力，以創新爲主軸發展新興產業，便成爲興國的新動力。[32]2016年5月，中共中央、國務院印發《國家創新驅動發展戰略綱要》，其中便提到要促進軍民技術雙向轉移轉化不只是技術創新，也要做體制機制創新。[33]中共發展科技興國的目標，是要在2020年時進入創新型國家行列、2030年時進入創新型國家前列、2050年時成爲世界科技創新強國。[34]這段「三步走」戰略目標，有賴於頂層的制度設計、統籌領導，以及軍地之間協同創新的科技資

31 李清娟編，《2016中國產業發展報告：互聯網+》（上海市：上海人民出版社，2016），頁4。

32 徐粉林，〈實現中國夢強軍夢的戰略路徑——深入學習貫徹習近平同志關於軍民融合深度發展的重要論述〉，輯於人民日報社理論部編，《人民日報理論著述年編2014》（北京市：人民日報出版社，2015），頁203-205。

33 〈中共中央、國務院印發《國家創新驅動發展戰略綱要》〉，2016年5月19日，http://news.xinhuanet.com/politics/2016-05/19/c_1118898033.htm（瀏覽日期：2017年8月15日）。

34 王義桅，〈創新中國的三重使命〉，《人民日報海外版》，2016年5月31日，版1。

源管理，其實際政策與作法可對應於當前已經形成的產業集群與軍民兩用技術市場。

中共追求的是一條產業、經濟、國家強的發展新途徑。在國防科技工業發展戰略性新興產業方面，是以軍民兩用技術爲核心，著眼於市場、資產特性，以及高新科技保密等原則，以產業集群爲載體，藉由軍民之間開放、整體之產業鏈和創新鏈之雙向互動來開發軍民兩用技術市場，一方面保障武器裝備建設所需，提升國防科技自主創新能力；另一方面則是在建立軍民融合科技創新體系基礎上，朝向國民經濟，作爲戰略性新興產業技能知識（know-how）之有力支撐。[35]

壹、軍民產業聯動

軍民產業之間的聯繫和互動，主要反映在國家基礎設施建設。按照中共提出「經濟與戰備兼容、平時與戰時銜接、軍需與民用一體」要求，[36]基礎設施不僅反映國防需求和軍事功能，也有助於促進地方建設，以及社會經濟發展，實現國防、經濟、社會三者效益之最優組合。因此，中共制定「基礎設施建設需求項目和產品指導目錄」、「軍民通用產品技術標準」、「項目建設標準」等文件，在布局國防科技工業的同時，也兼顧國家宏觀經濟。中共以推動國家重大基礎設施軍民共建共用的作法，將戰場建設嵌入經濟建設，一方面提升解放軍快速機動與戰略投送能力，[37]另一方面藉由民用產業集群之布局與聯繫，提升軍民產業聯動之國防、經濟、社會整體效益。

軍民產業的聯動效應，主要透過產業鏈延伸，整合軍方與地方優質資源，特別是在對民用科技創新資源的分享、應用方面，更有助於推進戰略性新興產業發展，共同服務於國防建設和國家各個區域之間資源、技術流

35 董曉輝，《軍民兩用技術產業集群協同創新》，頁2。
36 毛元佑、梁雪美，《當代軍事和國防知識讀本》（北京市：中國書籍出版社，2015），頁145。
37 王祥山編，《實戰化的科學評估》（北京市：解放軍出版社，2015），頁252。

通，以及形成穩定、具競爭力的優勢產業。從理念內涵而論，軍民產業聯動包含「注重產品特色」、「整合產業鏈關係」、「集納軍民產業類別」和「調適軍民產業體系功能」四項特點。

一、注重產品特色

中國大陸幅員廣，各行政區因地理環境特色和產業基礎差異，其市場潛力也各不相同。中共利用這些差異點（Points-of-Difference, PoD），採取「產業集群」發展策略，開展各地的戰略性新興產業。因此，無論是發展哪種新產業，其屬性和產業鏈必須彼此相關，涵蓋產品研發、生產、銷售範疇。尤其是以高新科技做爲產業特色之戰略性新興產業，其軍民產業之間的聯動一方面必須結合國防科技工業或軍工企業之集聚地，並且盡可能符合高附加價值、高資源共享，以及產學研體系完備等要件之技術產業，進而能夠支撐私營企業開發自主品牌，或是提升品牌創新能力，擴大區域品牌效應。

二、整合產業鏈關係

包括價値鏈、企業鏈、供需鏈，以及空間鏈四大面向。軍民產業聯動的背後有賴於相關鏈路中各個產業部門、企業專業分工，從研發者到供應商，再到客戶端，這套包含軍民產業之間配件、整合、行銷之產業鏈成員間工序關係的連結，以及匯聚產業鏈上游至下游之間相關人力、技術等產業、產品、資源等整合發展、保持高端製造與生產服務產業之間良好的協調互動，皆爲發揮軍民產業聯動效應必須重視的環節。

三、集納軍民產業類別

除了屬於軍方的國防科技工業體系或是軍工產業集團外，形成聯動的另一股產業動力亦包括民間的軍民融合型私營企業，以及商會、銀行、協會、中介機構等等。當國防科技工業愈來愈注重市場化，目前在中國大陸的軍民技術轉移中心、技術孵化中心等中介機構正持續增加，突顯在軍方和民間軍工產業之間的中介機構等相關行業的參與也成爲常態。[38]這些各具特色與功能作用之產業、企業藉由資源的整合匯聚，亦有助於對新興產業發展形成競爭優勢，加速國防科技工業與區域經濟整合，以及利用國防科技工業釋出的資源發展區域新興產業。

四、調適軍民產業體系功能

軍民產業體系各自具有管理體制，且包括投資、財務、科研生產、資產管理，以及採購、價格管理、稅務、智慧財產等多方面的系統有賴在效能和效率方面做出最佳調適。藉由軍民產業的聯繫互動，可以降低資源的重複浪費，也可以透過軍民融合相關政策形成之互助、互動、互強效應，落實軍工和民用產業體系整合，形成創新氛圍環境。中共調適軍工企業創新和民用企業創新功能，改變了以往單一且封閉的作法，從高端技術、觀念創新，以及營運模式等方面著手，來促進國家戰略性新興產業發展。[39]

爲促進軍民產業互動，2014年5月27日，原解放軍總裝備部，以及國務院工業和信息化部、國家國防科工局和全國工商聯曾共同舉辦「民營企業高科技成果展覽暨軍民融合高層論壇」，目的即在推動軍工開放和搭建軍民科技和工業資源對接平臺。藉由軍民產業互動和動態開放之跨行業、跨領域、跨所有制等聯動效應，中共欲實現軍民科技、工業與產業人才、設備、產業集群基地等資源的集合與共享，促使國防建設資源能用於軍隊建設、國家戰略性新興產業，實現在範圍效應、集群效應和規模效應下提升軍民融合高新技術產業競爭力之目標。[40]

貳、產業集群建設

如同前段所述，軍民產業聯動的策略是推動與發展戰略性新興產業集群，進而在此集群體系中，融合軍工與民用科學技術，創新產業特色。

38 黃朝峰，《戰略性新興產業軍民融合式發展研究》，頁119。
39 董曉輝，《軍民兩用技術產業集群協同創新》，頁28-29。
40 劉倩，〈首屆民營企業高科技成果展覽暨軍民融合高層論壇在京舉行〉，《中國雙擁》，第6期，2014年6月，頁27。

事實上，產業集群這個概念並非源自中國大陸，包括美國高科技企業匯聚的矽谷（Silicon Valley）、日本的筑波研究學園都市（Tsukuba Science City），以及臺灣新竹科學工業園區等等皆是產業集群概念的成功經典案例。具有後發優勢的中國大陸產業集群建設和這些成熟的園區、城市亦有許多共同點。產業集群必須對產業組織、價值鏈、經濟效率等價值因素進行評估，對國防科技工業和戰略性新興產業發展方向與模式具有重要影響。

中國大陸和各國一樣，重視同時納入軍工和民用科技之軍民融合集群產業發展，[41]認爲透過技術、人力資源、能源、一般生產要素之匯聚共享和高效配置，以及聯繫產業與金融之間互動，能夠有效提升對軍用、民用和軍民通用需求之供給質量，擴大國家經濟發展效應，以利經濟轉型升級。[42]因此，近年來，隨著中共將軍民融合上升至國家發展戰略層次，從國家統籌經濟建設和國防建設「十二五」規劃的實施，至成立中央軍民融合發展委員會；從認可26個國家級軍民結合示範基地至有關中國科學院、中國工程院等產官學研單位將產業集群概念放進軍民融合產業布局、規劃制定、創新管理等議題研究之中，足見中共對運用國防科技工業軍民融合戰略創新戰略性新興產業集群體系之重視。這套強調以市場規律爲指導、以市場需求爲核心的作法，讓國家戰略性新興產業能夠以軍工、民營各自的產業、技術和資本優勢爲支撐，以資訊流通爲聯繫軍民產業、企業平臺，建立各相關企業、專業化供應商、服務供應商、金融機構、相關產業的廠商及其他相關機構產業鏈之縱向、橫向和交叉互通營運體系，提升高效生產經營效能。

以創新爲主要特色的戰略性新興產業，可藉由產業集群做爲自主創新能力和效率的重要途徑。[43]這些產業在每個特定區域保持競合關係，走的

41 董曉輝、曾立、黃朝峰，〈軍民融合產業集群發展的現狀及對策研究——以湖南省爲例〉，《科技進步與對策》，第29卷，第1期，2012年1月，頁60。

42 王建青，〈軍民融合產業集群發展路徑研究〉，《中國國情國力》，第2期，2017年2月，頁67。

43 李煜華、武曉鋒、胡瑤瑛，〈基於演化博弈的戰略性新興產業集群協同創新策略研究〉，《科技進步與對策》，第2期，2013年1月，頁70。

是軍方和地方私營企業等多方共贏的發展路徑，也因此能夠在產業集群中發揮特定的國防科技工業優勢，支持各地的戰略性新興產業。例如：作爲民生基礎建設的核能建設、太空探索與衛星遙測的航天科技應用，以及交通運輸用途的各型飛機、船舶、車輛等，不僅能夠帶動相關技術和產業，更可推動省際、城市之間經濟技術合作，實現資源配置和資源共享，[44]以及從高技術產業群的聚集效應實現軍工經濟和地方經濟在區位、資源、產業和規劃等方面之整合布局，加速提升戰略性新興產業之創新發展能力與特色（如圖5-1）。

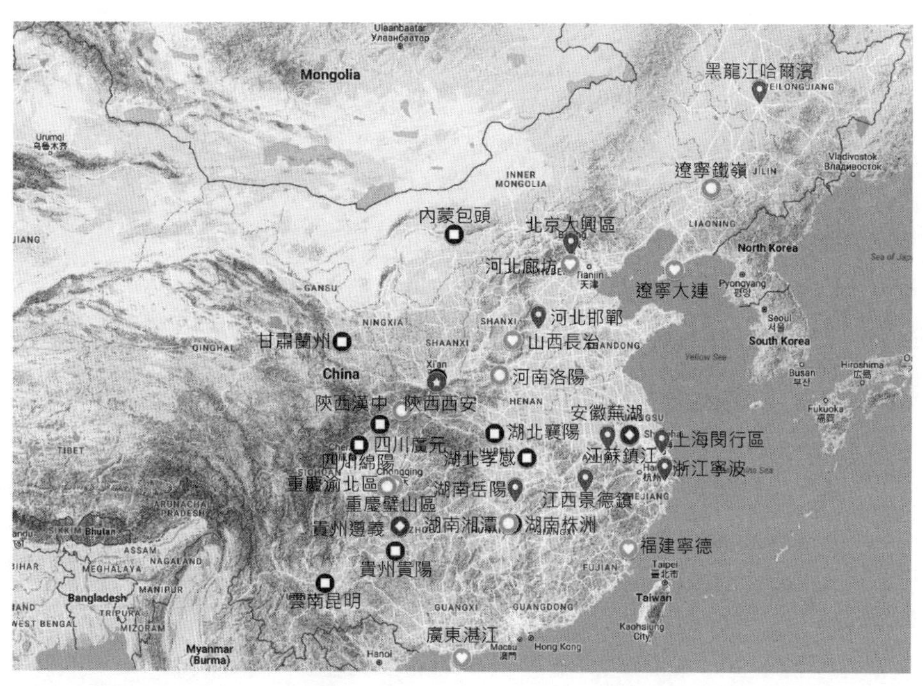

圖例：第一批產業基地　第二批產業基地　第三批產業基地　第四批產業基地　第五批產業基地　第六批產業基地　第七批產業基地

圖 5-1　中國大陸國家級軍民融合產業基地分布圖

資料來源：筆者參照Google Map自行繪製。

44 李升泉、李志輝編，《說說國防和軍隊改革新趨勢》，頁227-228。

在實際的建設案例中，除了先前所提到基於以往西部大開發、振興東北老工業基地發展戰略，以及結合沿海與內陸地區發展特色持續進行的戰略性新興產業轉型升級外，強調在既有技術優勢基礎上再尋求自主創新能力之產業集群建設，可以位於四川省的「綿陽科技城」作爲成功案例進一步說明。

首先，就基本情況方面，位於四川省北方的綿陽市，在1965年代按照「三線建設」戰略部署，曾相繼布點建設中國工程物理研究院、中國燃氣渦輪研究院、西南應用磁學研究所、空氣動力研究院、西南自動化研究所等國家級重點科研機構。2001年7月，在中國大陸國務院批准下，成爲中國大陸唯一的科技城及重要的國防軍工、科研生產與人才基地，且形成了「一院所、一企業、一產業、一基地」發展格局。其次，就具體作法方面，綿陽科技城採取市場准入、財政補貼、稅收減免，以及投資融資等一系列優惠政策，其國防院所除了和長虹企業、九州企業合作建設科學新城、空氣動力新城、航空新城，其集群也同時推進創新科研成果的轉型應用和產業化。此外，科技城內陸續成立軍民兩用技術交易中心、軍民融合技術轉移中心，以及科技城孵化中心等單位，成爲研發成果交易、孵化、轉化之自主創新平臺體系。[45]

綿陽科技城的發展經驗，體現了過去從西部大開發，至東部產業梯度轉移，以及成渝經濟區之發展脈絡，逐步建立起經濟、政治、文化、社會、生態文明「五位一體」建設之產業集群創新。其發展不僅搭建了科技成果孵化平臺、產學研對接平臺、科技成果產業化平臺、科技成果轉化投融資平臺，以及科技人才支撐平臺，[46]也在區域內設立國家級的綿陽高新技術產業開發區、綿陽經濟開發區、綿陽工業園區、綿陽科學城、仙海水利風景區、綿陽現代農業科技示範區等經濟功能區，成爲創新機制體制促進集群協同創新的實證案例之一。

45 湯文仙、姬鵬宏、郭豔紅、馬智偉，〈軍民結合產業基地的內涵、現狀及對策研究〉，《軍民結合研究》，第3期，2012年月，頁31-41。
46 董曉輝，《軍民兩用技術產業集群協同創新》，頁76-77。

參、軍民兩用技術市場拓展

強調軍民產業聯動，以及產業集群建設之效益延伸，就在於拓展軍民兩用技術市場。中共認為當前國家採行的社會主義市場經濟體制有利於實現此一目標。其中，最重要的原因在於這套體制是置於國家主導控制之下，無論是戰略規劃、體制建立，或是法規制定，中共中央和國家政府部門握有極大的權力決定政策走向和市場發展方向，亦即透過全國一盤棋的思維，實現經濟、國防建設兼容、雙贏之發展。[47]中共發展軍民兩用技術及產業，必須設法破除各部門與行業之間界限，改變原有國防科技工業體制限制，採用中央集中統一領導方式，調動軍工和民用部門研發和產製能量，在科技創新市場中建立軍民兼容、寓軍於民新體系。

按照中國大陸國防科技工業發展策略「市場運作」原則，軍民兩用技術市場拓展必須注重價格、供需和競爭關係之均衡。基此，核心的軍民兩用技術必須含括具有轉化應用潛力之軍品技術、民用技術，以及同時兼具軍用和民用用途之技術，並且涵蓋設計、研發、試驗、產製與產業化全盤過程。軍民兩用技術市場除了當前可見十一大國有軍工企業中核工、航天、航空、船舶、車輛、電子等主要領域外，也延伸至利用國防科技優勢發展新興產業中有關節能環保、新一代資訊技術、生物、高端裝備製造、公共安全產品等民用高技術項目。[48]結合產業集群建設現況，軍民兩用技術市場的企業型態同時具備了軍民融合，以及戰略性新興產業兩種性質。因此，無論是由軍工集團公司、軍工企業投入，或是由地方政府吸引相關產業的民用高新技術私營企業投資設廠，在地方政府和軍工集團共同合作建設的架構下，中共欲建立兼具軍民兩用產品、軍轉民產品、民用高技術產品之市場規模。[49]

47 董曉輝，《軍民兩用技術產業集群協同創新》，頁3。

48 中華人民共和國國務院，〈國務院關於加快培育和發展戰略性新興產業的決定〉，《中國科技產業》，第10期，2010年10月，頁16。

49 董曉輝，《軍民兩用技術產業集群協同創新》，頁26。

一、市場發展原則

主要是指中共統一領導軍民兩用技術市場的原則。檢視中共公布與國防科技工業、軍民融合政策，以及戰略性新興產業有關之官方文件或報導可知，科技與產業深度融合，以及以資訊網路應用思維為特點之新產業形態正加速形成，必須建立相應之新規則推動技術、產業、資本三者高效整合。其次，當政府在國防科技工業領域中的角色定位隨著國家經濟形勢開始出現轉變，市場資源配置成為軍民兩用技術市場發展必須均衡的支點，謀取最大化的軍事和經濟效益。

對此，中共持續營造國防科技軍民融合環境，導入其市場經濟環境下之科研人才、新知和科技資源，推動國防科技工業持續發展，也利用外溢的國防科技工業技術、資源積極布局戰略性新興產業建設，由中央統籌國內和國際兩個大局，對國家經濟發展方式做出重要戰略部署。中共的目標在2020年時，戰略性新興產業增加值，要占國內生產總值比重之15%，並且成為國民經濟支柱性產業，吸納、帶動國內就業能力。[50]此外，中共也寄望在部分關鍵技術方面能夠在世界上躋身領先地位，發展出具有國際競爭力和影響力之大小企業，達到經濟轉型可持續發展目標。

二、市場發展作法

主要是指拉近軍用和民用科技之間的技術標準。以國防科技工業為基礎之市場運作平臺，無論是武器裝備軍工生產體系，或是作為促進經濟發展，滿足民生用途所需的科技生產體系，在軍民融合策略運作下，資源統合配置、軍地企業協調分工，組織和生產軍民用產品必須設法統一技術標準，才能夠發揮「平時服務、急時應急、戰時應戰」功能。以美國軍事工業發展經驗為例，在有效利用民用資本之際，也要求充分利用民用產品與技術。其中，在消除軍民之間技術障礙方面，美國國防部於2011年7月頒布《國防標準化計畫》（Defense Standardization Program）指令，將優先

50 荊浩，《基於商業模式創新的戰略性新興產業發展研究》（瀋陽：東北大學出版社，2016），頁2。

採用民用標準，只有在確無可用的民用標準時，政府才制定相應的規範和標準作爲基本政策。[51]此外，美國國防部和國家標準學會、機械工程師學會等民用標準化組織，亦建立軍民標準協調機制，全面檢視軍用標準和規範。[52]

就現況而論，中國大陸軍民兩用技術市場將統一技術標準的重點置於統籌規劃軍民產品生產用途、導入國家技術標準作爲主體標準兩方面。在降低成本的考量上，中共冀能將軍品生產核心能力轉用於民用產品，同時作用於國家經濟建設，另一方面透過總成、次級系統，以及零部件的產製分工作法，亦可減少武器裝備研製風險與負擔，朝向通用化、系列化、組合化方向發展，在市場中實現軍工民用技術之間的互聯、互通和互動。

三、市場發展態勢

主要是指以啞鈴式的途徑（barbell approach）發展軍民兩用技術市場。這種強調「小核心、大協作」的動態開放體系，顯現國防科技工業之力主要展現於前期核心技術、重要關鍵技術研發與總體設計，以及末期的系統集成和總裝測試領域，另將中間大量一般性加工事務轉向爲民用市場提供技術與產品。[53]其次，在整體發展態勢方面，中共亦試圖在「中國製造2025」戰略中加上軍民融合思維，進而能夠在軍地協同創新之軍民兩用技術基礎上，促進傳統製造業轉型升級。

軍民兩用技術市場的具體特點就在「軍轉民」、「民參軍」。若以戰略性新興產業中的航天、航空產業而論，最鮮明的例證就是軍用北斗衛星未來的商業化，以及國產民用大飛機爲軍事特種機發展奠定基礎。首先，北斗衛星系統轉爲民用的應用範疇覆蓋通信、交通運輸、應急救援，

51 U.S. Department of Defense, "Defense Standardization Program (DSP)," *Executive Services Directorate*, July 13, 2011, http://www.esd.whs.mil/Portals/54/Documents/DD/issuances/dodi/412024p.pdf (Accessed 2017/10/12).

52 王磊、呂彬、程亨、張代平，《美軍武器裝備信息化建設管理與改革》（北京市：國防工業出版社，2016），頁74。

53 姜魯鳴、劉晉豫，《經濟建設與國防建設協調發展的制度保障》（北京市：中國財政經濟出版社，2009），頁240-241。

以及智慧手機、車載導航等大眾電子消費領域，並且持續影響高附加價值下游產業。根據中國大陸《國家衛星導航產業中長期發展規劃》，2020年時，國家衛星導航產業規模將超過4,000億人民幣，北斗衛星所占比率約60%。[54]其次，在民用大型飛機研發方面，又以C919型大型客機發展最受矚目。在中國大陸完整的航空產業鏈中，計有22個省市、20多萬人，200多家企業、36所高校參與研製。預計未來十五年C919型總需求量將高達2,000架，市場總規模可達6,500億人民幣。建立與完善軍民兩用技術市場必須打破軍民之間的體系壁壘，中共大力推進國防科技與民用科技互動發展，市場發展亦呈現正向持續態勢。

第三節　國防科技興國之機會與限制

檢視世界上工業化成熟、經濟發達的國家，其共同特徵就是在國家發展策略上一定會借助科技能力、注重科技與國家發展之間關係的鏈結。其中，在中共胡錦濤主政時期，曾將國防科技工業視為社會主義現代化建設之重要憑藉，[55]以國防科技興國亦攸關經濟增長、產業轉型、人才培育、社會就業等各方面國家永續發展。中國大陸歷經改革開放、科教興國、人才強國戰略階段，如今為尋求經濟轉型軟著陸，展開產業結構升級，接續推動戰略性新興產業作法，將之視為在「後危機」（post crisis）時代搶占經濟發展制高點重要手段，[56]皆與國防科技息息相關。

改革的目的在實現更好發展，為了實現轉型目標，中共除了進行傳統製造業改造，提出「中國製造2025」計畫，在方法上也不斷強調要融入國家國防科技工業之力。從2012年7月9日國務院發布《「十二五」國家戰略性新興產業發展規劃》至2016年11月29日發布《「十三五」國家戰略性新興產業發展規劃》，其內容突顯出要將戰略性新興產業作為新形勢下經

54 王燕梅，《裝備製造產業現狀與發展前景》（廣州：廣東經濟出版社，2015），頁159。
55 楊越，《走進軍工：國防科技工業題材新聞作品選》（北京市：人民日報出版社，2011），頁3。
56 陳愛雪，《我國戰略性新興產業發展研究》（呼和浩特：內蒙古大學出版社，2015），頁26。

濟社會發展之領頭羊，成為引領國家發展之強大動力，[57]試圖為未來中國大陸經濟轉型找到新契機。在此背景下，國防科技成為不可或缺的支撐動力，以下即針對中共利用國防科技工業興國的機會和限制提出深度分析。

壹、發展機會分析

先進的國防科技工業在社會經濟發展方面強調的是「服務」作用，亦即以軍民融合為途徑，服務和支持國民經濟和社會發展所需。基此，中共將國防科技作為推動戰略性新興產業的助力，也就成為一段持續、高強度的自主創新過程。這段歷經技術引進、仿製的過程，奠定了國防科技工業發展的基礎。時至今日，無論是軍用、民用科技產業正不斷強調自主創新的重要性，儘管至今中共在一些精密、關鍵技術方面仍須仰賴外國，惟在發現問題、解決困境的設想下，中共正試圖擺脫受到外國技術箝制，改採自力更生方式發展軍民科技產業之路。以近年來獲評為世界前500臺超級電腦榜首的「天河二號」（Tianhe-2）超級電腦為例，即是由中國大陸國防科技大學和資訊科技企業「浪潮集團」共同合作研製，並且已廣泛用於生物醫藥、新材料、工程設計與模擬分析、天氣預報、智慧城市、電子商務、雲計算與大數據、數字媒體和動漫設計等領域，[58]成為深化國防科技軍民協同創新，提升社會資源利用效率之典型案例。

中共發展戰略性新興產業包括潛在市場大、帶動能力強、吸收就業多，以及綜合效益佳等要素，藉以構建「核心技術——戰略產品——工程與規模應用」創新價值鏈，拓展產業發展空間，培養強化市場競爭優勢。[59]從中國大陸國情以及國際趨勢而論，具有發展機會的產業範疇除了上述領域外，尚包括新能源、節能環保、高端製造、海洋、文化創意、通用航空、老齡產業，甚至旅遊業。中國大陸在這波高新科技發展趨勢中，

57 郭春俠、葉繼元、朱戈，〈我國戰略性新興產業科技報告資源研究成果開發利用研究〉，《圖書與情報》，第1期，2017年2月，頁59。
58 〈天河二號超算速度全球領跑〉，《解放軍報》，2013年6月18日，版1。
59 〈戰略性新興產業〉，《今日中國（英文版）》，第66卷，第4期，2017年4月，頁39。

從過去的「十二五」，到現在的「十三五」，中共以國防科技興國和戰略性新興產業發展之機會和前景特別關注的重點有：第一，建立可運作之國家決策、部門管理和操作執行之國防科技協同管理體制；第二，建立科學完備之規劃計畫體系，包括：實行科研項目分類管理、建立順暢的技術轉化機制等多樣、高效之國防科技協同創新機制；第三，完善相關配套政策措施，確保國防科技穩定投入，建設國防科技基礎設施和創新平臺等等。[60]

一、國防科技協同管理體制

國防科技協同管理植基於中共十八大時提出的「創新驅動發展戰略」，以及在十八屆三中全會時做成的「健全國防工業體系，完善國防科技協同創新體制」兩項重要政策指示。其中，創新體制的建立，必須仰賴政府、軍隊、科研院所、院校、企業等各主體之間的協同合作，以及含括在內的技術、人才、知識、信息等資源，藉由軍民之間技術的相互滲透和管理，形成1加1大於2的非線性擴大效應。[61]中共在發展理念上無論是汲取於國外國防科技或軍工產業發展成熟國家的經驗，或是順應國家經濟轉型和產業結構升級實需，開始展開管理體制建設。

首先，在國家決策層級，屬於管理體制的頂層結構，其重點在於設法破除體制和利益壁壘。以中共2017年1月成立的「中央軍民融合發展委員會」爲例，即是一個典型的關於軍民融合議題的重大問題決策和議事協調機構。頂層的領導協調機構有責讓軍民主體發揮相互配合之功能作用，解決國防科技協同管理重大問題。其次，在部門管理層級，則是在構建可運作的協同平臺。在此平臺上的軍民各行業必須從制度設計上建立公平、公正、公開的市場氛圍，打造開放式的協同管理體系。中共強調要將國防科技創新體系納入國家創新全局，無論是解放軍或是地方企業、院校、科研

60 中國國防科技信息中心編，《世界武器裝備與軍事技術年度發展報告（2014）》（北京市：國防工業出版社，2015），頁122。

61 吳濤、張祥、徐紅，〈國防科技協同創新研究〉，《中國軍轉民》，第5期，2017年5月，頁57。

機構，必須搭建訊息交換、資源共享的共享平臺。以提供軍民雙方訊息交流，由私營東龍網絡科技有限公司設立的「國防科技網」，或是由中共中央軍委裝備發展部管理的「全軍武器裝備採購信息網」，抑或是由中國大陸國防科技工業局承辦的「國家軍民融合公共服務平臺」等，皆提供了兼顧軍民科技產業流通互動鏈路。第三，在操作執行層面的重點是在發展跨領域以及產學研之技術聯盟。中國大陸經濟與產業結構轉型、升級的主體仍在國有和私營企業，在以市場政策持續以開放和共享爲導向下，中共嘗試增進產業與學研單位之間的參與和合作，並且利用科技資源促進產業經濟方面之多種項目技術聯盟，進而激勵科技工作者創新發展活力。

二、科學規劃計畫體系

中共將戰略性新興產業當作是國家經濟發展的帶動之力，對於未來的市場需求、技術發展趨勢則需要用更加科學的方式進行判斷和管理。尤其是從傳統產業轉向戰略性新興產業，必須針對科研項目實施分類管理，避免產業布局的類型相似、重複建設，以及產能過剩等問題，進而讓產業規劃、部署工作顯得更加重要。[62]按照中共目前的作法，重點在把握戰略性、前瞻性、創新性、針對性原則，按照產業、階段、區域分項，制定國家發展規劃，選擇知識技術密集、物質資源消耗少、成長潛力大、綜合效益高，對地區經濟社會全域和長遠發展有重大引領帶動作用的產業，[63]統籌戰略產業布局、結構、規模以及建設順序。

其次是要建立順暢的技術轉化機制。在國防科技工業支撐戰略性新興產業發展的設想下，中共正在將「民用產業是國防產業的基礎、國防產業是民用產業的推轂」化爲具體可見的形式。按照產業經濟所用的梯度理論（gradient theory）解釋國防和民用產業之間的技術轉移與流動，可見中共利用的是雙方產業結構、技術特色的梯度差，並以優勢互補的方式在技術、人才、訊息、資源、管理等方面進行體系之間的雙向滲透與轉移。國

62 羅兵，〈我國戰略性新興產業需科學規劃有序部署〉，《中國質量報》，2011年3月17日，版6。

63 吳維海，《政府規劃編制指南》（北京市：中國金融出版社，2015），頁164。

防科技工業兼具科研、生產兩大系統，爲了滿足軍隊建設所需，必須投入必要的人力、物力於先進的科學技術領域，中共讓國防科技產業融入國家國民經濟體系，納入國家生產建設和人民生活消費領域，是爲了實現國家國民經濟建設統籌規劃和組織管理的目的。[64]

就現況而論，在中國大陸專門從事軍品生產的企業已占少數，絕大多數的國有和私營軍工企業是以同時生產軍品、民品形式存在者居多，差別僅在於平、戰時期生產種類比例保持彈性，或是以生產民品爲主，並且少量生產軍品（例如：電子、艦船產業）的型態有所不同。

三、國防科技基礎設施和創新平臺

建立以「共享」爲核心的國防科技基礎條件平臺已成爲中共在滿足武器裝備研製需求、提升生產水準，以及帶動和促進國家科技創新體系之重點。國防科技基礎條件建設的要素包括完善的信息化、數位化，以及智能化等基礎條件，並且以國防重點實驗室、國防大型試驗設施基地、國防科技工業工程研究中心、國防技術基礎中心、國防科學數據中心等硬體網路科技環境，以及專業科研人力與配套政策所構成的系統。[65]進一步結合前述之管理、規劃之產業布局理念，中共的目標是將國防科技基礎條件平臺和國家科技基礎條件平臺對接，逐步構建功能齊全、開放高效、體系完備的軍民兩用技術互通、互聯、互補、共享之國防科技基礎條件保障體系。

以解放軍國防科技大學於2011年12月與湖南省高新企業合作建立包括：大型交電裝備複合材料國家地方聯合工程研究中心、高可信操作系統國家地方聯合工程研究中心、複雜環境光纖信息技術國家地方聯合工程實驗室等三個國家級創新平臺爲例，即是一個以國防科技融入國家創新科研體系，與地方優勢企業和科研院進行產學研結合，促進湖南省戰略性新興產業發展的實例。[66]此外，近期亦有包括結合中國大陸「京津冀協同發

64 李悦編，《產業經濟學》，頁252。
65 許屹、姚娟、蒲洪波，〈建設堅實的國家國防科技基礎條件平臺戰略研究〉，《軍民兩用技術與產品》，第2期，2004年2月，頁5。
66 〈國防科大與地方共建國家級創新平臺〉，《科技日報》，2011年12月6日，版3。

展」的河北省廊坊市著力於建立軍民融合國防工業協同創新平臺，透過建設軍民融合信息管理平臺、高分一站式服務平臺，促進國防技術轉爲民用，爲交通、農業、生態保護等應用示範提供數據服務，[67]以及未來亦將由河北大學、河北工業大學、河北師範大學、河北經貿大學、華北理工大學、石家莊鐵道大學、河北地質大學等7所大學共建國防特色科技創新平臺等，都將對中國大陸國防科技工業企（事）業單位人才培育、科學研究、科技服務，以及畢業生就業等方面具有正面助益。[68]

中共深知世界工業大國目前在新興產業領域尚未確立其優勢領先地位，在「後發先至」思維下，近年來設法急起直追，意圖藉由國防科技提升戰略性新興產業效益，並且在軍力現代化方面力求跨越式發展的企圖心清晰可見。這種發展的動力在政策導引下顯得積極、明確，確實有利於國家追求科技興國目標。

貳、限制因素分析

中共自提出科技興國戰略、軍民融合戰略，以及進行國防科技工業改造，發展戰略性新興產業以來，其政策理念的宣傳、要求，伴隨中共中央各種大小規模或是相關會議皆可見其貫徹落實的意志。檢視實際的發展事例亦可發現在中國大陸大多數的省、市、自治區爲了響應中共中央政策，各自推出了戰略性新興產業重點發展領域。然而，在這段產業結構轉型與升級過程中，欲實現設定的戰略目標並非一蹴可幾，且仍有一些限制因素有賴中共設法突破和解決。以現況而論，中共已有利用科技達成興國目標的戰略構想，惟在中國大陸的推行和普及情形仍不均衡，相關制度的建立和配套作法也有待完善之處。儘管少數的示範園區、基地實行軍民融合或專注於戰略新興產業發展的成果耀眼，但仍以個案爲主（例如：北京、上

67 王英、張廣輝，〈河北省打造軍民融合暨國防工業協同創新平臺〉，《中國國防報》，2016年11月3日，版1。

68 馬利，〈我省7所高校將建國防特色科技創新平臺〉，《河北日報》，2017年7月17日，版2。

海、深圳），[69]且有待將成功經驗向其他地區或行業、企業擴散。以下將著重以國防科技推升國家發展的限制因素，深入探討中共藉此帶動戰略性新興產業，促進經濟增長面臨的主要問題與原因。

一、戰略性新興產業種類重複分散問題

中共著重戰略性新興產業的立意雖佳，惟受到產業種類「同構」問題影響，尚無法形成國家總體競爭力。這種「同構」問題，主要是各個產業主管機構或是各地相關政府部門制定多項資金、貸款利息補貼或是稅收優惠等政策，並且做出相關規範。然而，各地戰略性新興產業實際作法並不一致，且欠缺配套、公正透明，導致產業配置重複分散，各地無序競爭，投資浪費、盲目建設的情形普遍。[70]

以2010年10月頒布之《國務院關於加快培育和發展戰略性新興產業的決定》中對戰略性新興產業類別定義爲例，在七大領域中，雖有超過20個以上的省市地區選擇新能源汽車以外的六大產業；在全國333個地級行政區中已有292個提出戰略性新興產業方案，比例達到87.7%，[71]惟有超過90%的地區選擇發展新能源、新材料、電子信息和生物醫藥產業，且又以太陽能、風電等產業盲目擴張的情形較爲嚴重。[72]儘管戰略性新興產業的推動必須依賴必要的投入熱度，藉以刺激各型企業的投資意願，增進科技自主創新技術動力，惟進行更有效率的統籌規劃、協調仍待加強。

二、戰略性新興產業布局問題

導致產業種類重複分散問題的原因和布局是否合理息息相關。檢閱相關研究公開資料可發現，儘管在中國大陸各地發展戰略性新興產業的策略大部分能夠結合科技進行各項創新或高端技術應用提升等原則，惟部分地

69 李悅編，《產業經濟學》，頁72-73。
70 周子學編，《2015年中國電子信息產業發展藍皮書》（北京市：電子工業出版社，2015），頁60。
71 紀建強、黃朝峰，〈戰略性新興產業選擇：從政策解讀到理論評判〉，《當代經濟管理》，第5期，2014年5月，頁63。
72 王薇薇，〈戰略性新興產業應防重複建設〉，《經濟日報》，2012年4月11日，版5。

區為了迎合政策要求，忽略地區本身的特色優勢、資源稟賦、科技水準、人物力資源等現況，[73]亦不乏有將傳統高新科技產業當作是戰略性新興產業發展現象出現。例如：河北、山東兩省的海洋經濟、山西的煤礦、化工產業、廣東的核電裝備等結合本身經濟技術基礎條件的傳統產業種類，皆曾被當作是戰略性新興產業。此外，也有將現代物流、文化創意、高端生產性質的服務業等第三產業作為戰略性新興產業情形發生。[74]這些問題導致發展出與本地情況不相稱的產業，並不利於產業種類合理布局。

其次，中共將戰略性新興產業區分為七大領域，目的是要有計畫、有策略的針對第二產業進行產業結構改造、轉型與升級。因此，在國家發展戰略的架構下，這項工作並非針對區域傳統產業進行再造工程。另一方面，在「把軍民融合搞得更好一些、更快一些」[75]的要求下，中共亦發現一些社會組織、軍民融合中介服務機構、產業園區、示範園區、開發區、特色小鎮等部分地區、軍地部門為了迎合政策，錯用、濫用軍民融合產業發展，導致包括國防科技工業、戰略性新興產業在內之產業類別出現布局失衡和結構偏差問題猶待解決。

三、戰略性新興產業關鍵技術自主問題

以國防科技工業作為支撐戰略性新興產業發展基礎的另一個重要問題是核心技術、裝備仍需仰賴進口的情形依然嚴重。[76]這也是中共發展軍民用科技、重點產業領域，長久以來必須仰賴自國外進口先進設備、儀器和技術最不易解決的難題。為了能夠迎頭趕上歐美工業大國，中共不斷借鏡其發展模式與經驗，更重要的是積極吸引投資，導入高利潤重點產業。然而，在經濟全球化鏈路架構下，中共在獲取高端技術的價值鏈方面難有突破，導致在發展關鍵技術方面經常採用土法煉鋼或是逆向工程（reverse

73 于新東、牛少鳳、于洋，〈我國戰略性新興產業的突出矛盾及相關對策〉，《紅旗文稿》，第19期，2011年10月，頁19-21。

74 白千文，〈戰略性新興產業研究述析〉，《現代經濟探討》，第11期，2011年11月，頁37-41。

75 〈把軍民融合搞得更好一些更快一些〉，《解放軍報》，2017年6月21日，版1。

76 李悅編，《產業經濟學》，頁71。

engineering）方式，自行仿製、摸索，受制於外國。由於掌握產業關鍵核心技術不足，且在基礎研究薄弱，缺乏原創性科技發展成果等現況下，突顯中國大陸以國防科技工業支撐戰略性新興產業的另一項「卡脖子」的限制因素，必須設法解決在關鍵性、具前瞻性的基礎研究方面的難題。

（一）創新動能問題

以國防科技工業支撐國家戰略性新興產業的動能來自於具有自主性的智慧產權技術與產品。儘管中國大陸科研領域的研發成果豐富，惟能夠眞正進入產業化進程的項目數量卻不多，使得這項目標在對傳統加工製造產業進行結構性轉變的作法，仍然面臨必須同時克服來自創新技術之資金、技術、管理與市場四大領域的挑戰。尤其是在高端技術產業方面，有關技術研發方面的資金成本相對較高，對管理作法也較爲嚴謹，必須在制度設計上提供企業投入科技創新產業之動力。檢視當前的問題，主要集中在相關企業爲了節省科研成本，寧願選擇自國外進口技術與設備賺取利潤，也不願在人才、資源、資金方面挹注高額成本，導致產、學、研三大領域的資源無法結合，制約相關產業領域的產品創新和技術自主能力。

（二）人才育用問題

主要包括科技人才的培育、運用兩種面向的問題。首先，在人才培育方面，在當前發展戰略性新興產業方面，人才庫的建立尚未完成。儘管在中國大陸各大專校院開始注重相關領域的人才培育專業教育項目，惟若與需要大量高科技人才的戰略性新興產業人力實需相較，其培育專才的速度，以及人才自由流動的限制，已成爲建立關鍵自主建設的問題。其次，則是科技人才培育後，往往分散在學術研究和科研機構，在傳統產業轉型爲戰略性新興產業的動力與速度仍有待持續強化情形下，部分科技人才流入國外或外資高科技企業工作的情形亦有所見，這些無法集聚科研能量以及企業用人等方面的限制，成爲發揮人才功用必須解決的問題。[77]

---

77 曹立，《路徑與機制：轉變發展方式研究》（北京市：新華出版社，2014），頁135-137。

四、戰略性新興產業環節溝通問題

無論是國防科技工業或是戰略性新興產業，要刺激軍民企業之間良好互動、彼此支撐，就必須確保產業訊息在跨部門、層級等各方面、環節之協調溝通機制。特別是戰略性新興產業含括國家、各相關行業、企業整體經濟產業，爲了能夠有效促進全國資金、科技能力、政策等經濟和技術資源之間的訊息流通，確立周延的發展戰略路線，形成有效率的運作競爭環境，需要建立合理、高效以及具備經濟活力的產業組織，並且納入高標準的管理。檢閱中共公開資料可知，當前推動戰略性新興產業因涉及多個管理部門，在現行體制下，研發設計、生產製造、產品應用各領域間的產業聯繫能力尚不足，各環節溝通並不順暢，進而成爲制約因素。

其次，受到產業訊息溝通機制尚不健全現況影響，軍民企業之間互不瞭解、雙方欠缺信任和以及智慧產權保障基礎，進而降低國防科技軍工部門對私營企業釋出高新科技意願，而私營企業亦因缺乏技術與資金等方面的支持，在投資成本高、產品推動不易、產業風險大、利潤回收期長等因素影響下，也會對投入相關產業發展有所遲疑。國防科技工業和戰略性新興產業的發展成本必須降低、規模必須擴大的普遍存在的問題，攸關產業未來發展。

第六章　影響國防科技工業的變數與效應

中國大陸國防科技工業按照深化軍民融合之戰略指導，正設法在經濟市場上走出一條適合國有軍工企業、私營企業之間資源共享，以及共同具備技術和資本的創新之路。這條產業蛻變和發展之路對於中共而言，仍然維持著借鏡學習、獨力摸索兩種進程，若從國家整體經濟、安全、防務架構檢視其總體發展，仍有影響成功發展的變數，中共亦須以更周延完備的政策加以因應。中共堅持國家國防科技工業發展必須按照國家主導、需求牽引、市場運作原則推動，其中再參照2006年5月頒布之《國防科技工業中長期科學和技術發展規劃綱要》（2006-2020年）內容可見，在十五年間的國防科技工業科技發展重點包括了「五大目標」、「八項重點」任務，[1]這些兼顧未來防務和國民經濟建設，以及國家科技創新之戰略規劃作法，明確了中共必須在軍事、經濟、科技發展三項主軸取得新的均衡關係。

中共將國防科技工業視為國家戰略性產業，同時具有支撐戰略性新興產業發展的強勁力道，它不僅是解放軍武器裝備和實戰能力研製生產的物質和技術基礎、是國家戰略威懾核心力量，也是先進製造業的重要組成部分，更是中國大陸構建產業創新體系的重要力量。2012年11月，中共十八大政治報告明確提出要建成與國際地位相稱、與國家安全和發展利益

1　五大目標是指：1.高新技術武器裝備研製能力實現跨越、2.軍民結合高技術產業發展實現跨越、3.軍工製造技術實現跨越、4.國防基礎與前沿技術實現跨越、5.國防科技創新保障能力實現跨越；八項重點任務是指：1.突破新一代武器裝備關鍵技術、2.加強軍民結合高技術及產業化研究、3.推進軍工製造技術研究與應用、4.強化國防基礎與前沿科技研究、5.實施國家重大專項工程、6.推進國防科技工業基礎能力科技工程、7.加快推進國防科技平臺建設、8.加強國防科技創新體系建設。見中華人民共和國科學技術部編，《中國科學技術發展報告（2006）》（北京市：科學技術文獻出版社，2008），頁55-56。

相適應的先進國防科技工業；[2]2013年11月，中共十八屆三中全會通過的《中共中央關於全面深化改革若干重大問題的決定》中亦明確要求推動軍民融合深度發展；[3]2014年10月，中共十八屆四中全會發布《中共中央關於全面推進依法治國若干重大問題的決定》同樣也在國防科技工業領域掀起落實法規體系建設討論。[4]2015年3月，中國大陸「兩會」召開期間，強調以軍民融合促進國防科技工業發展亦成爲「四個全面」項目中之一環。[5]2017年10月18日，習近平在中共十九大報告指出：「要堅持富國和強軍相統一，強化領導、頂層設計、改革創新和重大項目落實，深入國防科技工業改革，形成軍民融合深度發展格局，構建一體化的國家戰略體系和能力」。[6]這些言論突顯出中共試圖在政策和制度設計上扮演更積極的主導作用角色，在未來五年繼續調諧軍方、國有企業、私營企業之間關係，從頂層管理體制改革切入，藉由完善法規、健全機制、規範市場方式，解決錯綜複雜的軍地利益分配不均，以及「軍轉民」動力不足、「民參軍」壁壘較高、自主創新能力較差等問題。[7]

眾多跡象顯示，中國大陸國防科技工業在國家政治、經濟、社會層面以及獨特的黨國體制黨政軍結構具有舉足輕重的作用。儘管如此，採用軍民融合增進國防科技工業產業效能的模式尚處於起步階段，本章的重點即在於瞭解國防科技工業轉變過程，以及貢獻於解放軍軍力現代化、支撐國家戰略性新興產業的功能作用後，未來發展仍得面臨、應處的變數與難

2 〈胡錦濤在中國共產黨第十八次全國代表大會上的報告〉，《新華網》，2012年11月17日，http://news.xinhuanet.com/18cpcnc/2012-11/17/c_113711665.htm（瀏覽日期：2017年11月24日）。

3 〈中共中央關於全面深化改革若干重大問題的決定〉，《新華網》，2013年11月15日，http://news.xinhuanet.com/politics/2013-11/15/c_118164235.htm（瀏覽日期：2017年11月24日）。

4 〈中共中央關於全面推進依法治國若干重大問題的決定〉，《新華網》，2014年10月28日，http://news.xinhuanet.com/politics/2014-10/28/c_1113015330.htm（瀏覽日期：2017年11月24日）。

5 朱生嶺，〈深入貫徹「四個全面」戰略布局強力推動軍民融合深度發展〉，《軍隊政工理論研究》，2015年6月，第16卷第3期，頁5-7。

6 習近平，〈決勝全面建成小康社會，奪取新時代中國特色社會主義偉大勝利〉，《新華網》，2017年10月27日，http://news.xinhuanet.com/politics/19cpcnc/2017-10/27/c_1121867529.htm（瀏覽日期：2017年11月24日）。

7 潘悅、周振、張于喆，〈軍民融合視角下我國軍工行業發展態勢及對策建議〉，《經濟縱橫》，第3期，2017年3月，頁77-78。

題，分別循國防科技工業之挑戰、對策，以及影響效應三方面進行更深入的探討。

第一節　國防科技工業未來挑戰

中國大陸國防科技工業制度特別強調政府的角色和作用，因而呈現高度集中統一的管理特色。儘管軍民融合已成爲國防科技工業發展的指導方針（guideline），在習近平主政時期亦被要求在「統」、「融」、「新」、「深」四個字之下加速推動，[8]但是仍然面臨諸多挑戰。首先，檢視實際發展現況可見，國防科技工業部門自成體系，其政策規範、行政作業流程多屬於封閉式管理。由於資金、資源主要由國家統籌和調撥，導致在軍、民兩大領域中各部門的利益合理分配問題仍是產業在適應社會主義市場經濟環境中不易解決的問題。[9]再加上舊體制的制約，衍生自主智慧產權保護，以及科技創新成果轉用於軍事戰鬥力提升的效率不足等問題。

其次，國防科技工業發展也和中共法治建設程度滯後問題息息相關。中國大陸欠缺完善的國防科技安全法規制度以及法治環境，讓人治因素超越了以法律規範進行產業體系的管理和建設。其中，包括軍民融合方面基本法、國防科技安全保密等配套法規不足等問題，亦暴露出「依法治國」之下的科技創新環境仍有許多安全和權益保障顧慮。例如：立法部門和科技部門之間對於訊息交換、國防科技法規立法需求方面的有效溝通，攸關以法治促進科技創新發展，並且保障其研發成果或智慧產權不受到犯罪等違法行徑帶來的安全威脅。[10]國防科技工業是解放軍軍力現代化的保障，著力於國防科技創新以及國防工業生產效能則是實現目標的關鍵，必

8 〈習近平：加快形成全要素多領域高效益的軍民融合深度發展格局〉，《新華網》，2017年6月21日，http://big5.xinhuanet.com/gate/big5/news.xinhuanet.com/mrdx/2017-06/21/c_136382224.htm（瀏覽日期：2017年11月24日）。

9 李宗植、呂立志編，《國防科技動員教程》（哈爾濱：哈爾濱工程大學出版社，2009），頁107。

10 左鑫，〈用法治守住國防科技自主創新的戰略要地〉，《法制博覽》，第26期，2017年9月，頁129。

須採取有效措施，處理好軍與民之間的產業結構關係、軍工大型國有企業與中小企業之間的大小關係、國內與國際之間軍品需求和拓展的協調關係、中央管理階層與地方執行階層之間的層級關係、國防科技國有十一大軍工企業之間的左右橫向協調關係，以及國防科技工業在資源調控、軍民用品產製方面的計畫與市場分配關係。

壹、政策規範尚待完備

當前中共爲推動解放軍軍事改革，不僅只是在軍隊人事、編制方面產生許多重大變革，[11]包括武器裝備科研生產等國防科技工業結構、產業關係、相關法律規範等方面也面臨著更加錯綜複雜的難題與挑戰。然而，新舊問題交織，結合軍民融合戰略之相關立法不足，反映出深層次問題亟待解決。

無論是胡錦濤時期首次提出軍民融合理念，或是在習近平主政後再繼續提出「深化國防科技工業改革，形成軍民融合深度發展格局」要求，其相關配套的立法規範速度仍然落後於實際的國防科技工業體系變革，也不易滿足同步發展國防、經濟建設實際需要。其中，雖然其《國防法》第4條第2款律定「國家在集中力量進行經濟建設的同時，加強國防建設，促進國防建設與經濟建設協調發展」。[12]惟直至目前，中國大陸仍然欠缺和推動軍民融合式國防科技工業發展之相關法律規範，在眾多私營高新科技企業，僅不到1%的比例參與了武器裝備科研生產項目。尤其是在綜合性法規方面，攸關國防科技工業軍民融合重要戰略制定、項目規劃以及國防核心能力建設之法律規範尚未健全、欠缺工作推動之法律保障，導致在政策推動過程中，呈現出宣傳高於實際、要求多於政策的情形，也不利於整體管理和相關單位之間決策協調運作機制之完善。

其次，再以現行與國防科技工業相關之航空、航天、氣象、資訊網

11 李升泉、李志輝編，《說說國防和軍隊改革新趨勢》，頁221。
12 〈中華人民共和國國防法〉，《中華人民共和國國防部》，1997年3月14日，http://www.mod.gov.cn/regulatory/2016-02/19/content_4618038.htm（瀏覽日期：2017年11月24日）。

路、航運等領域之法規而論，和軍民融合相關之政策仍存有配套不足、規範性薄弱現象，且缺少不易用於政策指導實際操作之配套作法。例如：在航天、網路空間之新興領域，缺乏對國防採購、民用資源徵用之相關規範。在稅收優惠政策方面，中共現行法規大多有利於軍工單位生產之軍品，卻不利於一般工業企業單位生產之軍品。[13]儘管中共頒布實行《國務院中央軍委關於建立和完善軍民結合寓軍於民武器裝備科研生產體系的若干意見》，卻受限於配套協調規範，導致各單位協調不易，亦難以落實於基層行業、企業。另外包括《中國人民解放軍駐鐵路、水路沿線交通部門軍事代表條例》、《鐵路軍事運輸付費管理辦法》、《水路軍事運輸計費付費辦法》等既有法規在低價軍運制度、軍民企業在運輸人員、物資成本費用比例不均衡，以及與《國防交通法》律訂作法方面相適應等問題，皆需要更合理、公平的規範，方能兼顧參與國防科技工業之國有、私營企業之條件保障待遇。

第三，在相關立法和配套措施不足現況下，中國大陸欲以軍民融合方式發展國防科技工業，便形成了「紅頭文件」多於法律規範的現象。此類文件雖能在短期內傳達政府層級之要求、作法，卻因位階遠不及於法律而影響政策推動、參與之穩定和權益保障。再加上國防科技工業內容多半具有一定之保密不公開性質，一般工業企業不僅難窺全貌，一旦發生糾紛或權益受損情事，難以尋求救濟而不利於相關項目之投資建設。此外，在中國大陸的軍事法律和國家法律之間存有條文解釋方面的衝突，軍事法院、地方法院在受理案件種類和權責亦不同，除了軍事法院不受理軍民融合之軍民糾紛案件外，地方法院在審理相關案件時，亦無法突破軍方擁有的國防司法豁免權，導致判決產生難以執行之窘境。軍地雙方在軍民融合問題形成的爭議多半尋求調解或協商途徑解決，不符合在市場經濟運作體制下，建立法制以及透過法治管理的本質。[14]

13 依據中國大陸增值稅制度，槍、砲、雷、彈、軍用艦艇、飛機、坦克、雷達、電臺、艦艇用柴油機、各種砲用瞄準具、瞄準鏡，在總裝企業就總裝成品免徵增值稅。見賀志東編，《中國稅收制度》（北京市：清華大學出版社，2005），頁35。

14 王祥山編，《實戰化的科學評估》，頁253-254。

第四，關於私營企業參與國防科技工業領域必須具備之軍工科研「三證」要件（如表6-1），[15]其軍方和地方的認證和資格審查體系、品質標準認定等作法不同亦造成誤解、誠信、公平競爭等問題。按照現行作法，中共中央頒布實行《國務院關於鼓勵和引導民間投資健康發展的若干意見》、《關於鼓勵和引導民間資本進入國防科技工業領域的實施意見》兩份重要文件，藉此吸引和鼓勵民間資本投入國防科技工業領域。然而，從公開資料中得知，私營企業在不瞭解相關申辦程序和細節要求情形下，近年來已發生部分中介機構以軍民融合爲名義，藉由辦理工商註冊登記手續、取得執業資格，以及取得相關資格等服務，從事虛假宣傳、擾亂市場秩序等活動。對此，中共中央軍民融合發展委員會辦公室於2017年10月印發《關於規範以「軍民融合」名義開展有關活動的通知》，要求各地區和軍地各部門、各單位必須從維護國家安全與發展利益面向，嚴格規範以「軍民融合」爲名之相關活動。[16]可見，在中共中央強力政策主導下，以更周延的法規來管理、治理軍民融合國防科技工業發展所衍生的鑽漏洞、走灰色地帶等違法違規活動已成爲當務之急。

表 6-1　中國大陸私營企業參與國防科技工業領域軍工科研「三證」說明表

種類		主管部門	審查期	有效期	說明
保密認證	武器裝備科研生產保密資格證書	國家保密局、國防科技工業局、中共中央軍委裝備發展部	7至9個月	5年	是指國家對承製涉密武器裝備科研生產任務之企（事）業單位，區分三個等級進行保密資格認定的制度。

15 是指承擔武器裝備科研生產任務之私營企業、私營資本，或者以民品爲主之國有資本欲進入國防科技工業領域者。2017年10月，中共中央軍委裝備發展部決定針對「民參軍」資格認證方面應取得武器裝備科研生產單位保密資格認證、武器裝備科研生產許可證、裝備承製單位資格認證。見何國勁，〈佛山民企如何參軍〉，《南方都市報》，2017年12月1日，版FB03。

16 〈中央軍民融合發展委員會辦公室下發通知，規範以「軍民融合」名義開展有關活動〉，《解放軍報》，2017年10月12日，版1。

表 6-1　中國大陸私營企業參與國防科技工業領域軍工「三證」說明表（續）

種類		主管部門	審查期	有效期	說明
許可證認證	武器裝備科研生產許可證書	國防科技工業局負責，徵求中共中央軍委裝備發展部意見	10至12個月	5年	是指私營企業按照主管部門審查許可之範圍，參與武器裝備科研生產任務之法律許可資格。
承製名錄認證	裝備承製單位資格證書	中共中央軍委裝備發展部	10至12個月	4年	區分A、B兩類。A類是指解放軍專用裝備承製單位，相關承製資格審查由軍方組成質量管理體系審核專家，進行承製資格審查。B類是指軍選民用裝備承製單位，必須具備國家質量管理認證證書。

資料來源：筆者自行彙整。

貳、發展侷限仍待突破

國防科技工業成功的關鍵指標之一就在於運作模式必須充分支持產業發展。基於中共在習近平主政後大力宣傳強調深化軍民融合戰略思維理念，並且搭配實施相關政策，其目的即在於突破既有發展侷限，能夠爲軍用武器裝備科研生產、民用高新科技和戰略性新興產業帶來更多契機。例如在「軍轉民」、「民參軍」部分，中共陸續在加速軍工、民用技術轉化、推動國防科技工業和民用工業基礎融合發展、促進科研條件軍民共用，以及激勵導入民間資本進入國防科技工業領域等方面制定相關法規；另在其中共中央軍委後勤保障部經營管理之「軍隊採購網」以及由各地方政府、企業建立之各類型軍民融合議題網站，皆可見解放軍藉由分類、分層次之統合採購方式，積極鼓勵地方私營企業參與、承接軍用物資裝備研製、保修或設計等生產活動，以及由私營企業主動搭建和軍方技術合作、尋求專利轉讓等作法。[17]可見中國大陸國防科技工業在政策引導下仍然取

17 王建，〈全軍武器裝備採購信息網開通運行，設有裝備採購需求及服務指南等欄目〉，《中國設備工程》，第1期，2015年1月，頁1。

得一定的進展。然而，在此起步階段，形成制度並且實現全盤認知，進而讓這種軍民融合式國防科技工業發展能夠深化發展，仍是中共必須設法破解之癥結。

一、企業制度建設格局

（一）軍工企業主體

中國大陸經濟實行改革開放政策已四十年，但是在改革後由原本的專業行政管理部門裁減、轉型而成的行政性公司變成了國有國防科技工業企業體制的主要形式。[18]儘管現有的十一大國有軍工企業掌握了大多數國防科技工業產業資源，旗下逾500家軍工企業子公司在經營運作方面形成各自的特色和重點，惟這種和下屬企業之間形成相互行政隸屬型態，並且能夠對所屬企業下達生產、經營指標、介入所屬公司生產經營活動的企業經營運作模式，並非是在市場經濟制度之下所形成的現代企業，亦即在集團總部無論是投資、經營的風險低、盈虧責任小，而是由下屬企業承擔相關責任，這種行政性公司型態本身並不是行政管理機構，卻兼具國有資產、經濟管理、部分社會管理以及公共服務等政府行政管理職能，在中共未來開放民間私營企業加入國防科技工業產業結構，也會形成非均衡之競爭關係，而需要持續進行改革、調整。

此外，在國家層級之國防科技工業相關科研院所之改組、調整過程中，政府的作用下降，國有企業的角色上升，將這些制度轉型後的單位視爲本企業集團之下轄單位，突顯出科研資源軍民共用性之合理分配問題，不利於軍民融合下的國防科技工業發展。

（二）私營企業主體

私營企業參與國防科技工業的程度決定了整體發展規模。在政府體制中掌管「民參軍」和軍民融合職能的工業和信息化部以及由該部管理的國防科技工業局，只是在上層結構建立的運作體制，在中下層結構中有關國

18 王克穩，《經濟行政法專題研究》（臺北市：元照出版公司，2012），頁92-93。

防科技相關產業的壟斷情形仍然存在，而且有悖於建立一個結合國防科技工業和民用科技工業爲國家科技工業基礎的總體目標。此一問題的形成，和軍民雙方在技術標準認定上之歧異因素相關，也和傳統軍工企業對新興民用科技企業的接受程度有著直接關聯。檢視中國大陸工業產業實際面，在某些特定領域中，民用科技發展速度高過於軍用技術的現象已愈來愈普遍，若能將相關技術資源、人才、設備導入國防科技工業產業鏈，則能夠大幅擴張產業發展格局。然而，當軍民軍工企業之間的隔閡尚存、技術標準不一，在資源多由國有軍工企業主導之下，自然對研發和生產效益造成不利影響。

和國有軍工企業相較，私營企業在參與國防科技工業進程方面往往屈居後發劣勢，無論是參與的門檻、經驗、規模大小，或是科研生產資源獲取、技術轉移、優惠政策等方面皆有賴建立更周延、完善之制度，減少壁壘、拉近兩者之間的合作關係，才能對發展規模形成助益。

二、新材料與關鍵核心技術

產業發展除了必須仰賴健全的制度環境，關鍵核心技術也是推動產業發展的必要動力。中國大陸國防科技工業雖具有長期發展的經驗和基礎，惟面臨資訊科技以及生產技術變革趨勢，並且對武器裝備、高端技術產生更高標準要求之下，同樣必須設法找到新的競爭突破口。其中，新材料研發效益則同時涵蓋軍民兩用技術領域，也對國防科技工業後續發展規模帶來更多的機會與潛在可能。中共基於國防科技工業發展累積之基礎和經驗，已然發現在軍品交易之中，各類型武器裝備都可以設法透過價購或自製方式獲得所需，唯獨用於製造這些裝備的新材料，以及製造新材料的技術，是各國列爲嚴格管控的項目。新材料不僅是未來用於軍事領域之重要國防科技項目，[19]同樣也是發展戰略性新興產業之新領域。不僅是中國大陸，世界各國皆視此爲當前科學技術領域必爭的關鍵戰略領域。

中國大陸在軍民兩用高技術產業發展中，儘管在數控機床、高端設

19 王祥山編，《實戰化的科學評估》，頁229。

備、化工材料、飛機製造、造船等方面已形成相當大的生產規模，且取得重大技術進展，惟尚不及於世界產業技術制高點。[20]一般而言，新材料技術涵蓋金屬材料、無機非金屬材料（例如：陶瓷、砷化鎵半導體等）、有機高分子材料、先進複合材料四大類；另依照材料性能區分，則包括結構材料和功能材料兩類。其中，結構材料是指：記憶合金、高性能工程塑料、功能高分子材料、新型複合材料；功能材料是指：半導體材料、超導材料、奈米材料。[21]據公開資料數據可知，2011年時，針對中國大陸30餘家大型骨幹企業進行之新材料需求調查發現，能夠完全由國家內部自給自足的比例約爲14%；2016年時，針對中國大陸軍用關鍵材料進口情況調查同樣發現需要進口、存在風險以及禁運軍用關鍵材料比例仍舊偏高。[22]可見進一步取得這些材料和技術，並且進行全盤體系、產業鏈的開展，已成爲中共在國防科技領域擺脫平時受控於人、戰時受制於人、瓶頸制約局面必須突破的難題。[23]另一方面，從新材料技術應用和資源統合之面向而論，降低民用新材料、新技術進入國防科技工業體系之門檻，並且鼓勵民間私營高科技企業在軍事武器裝備發展過程發揮更積極的作用，才能擴大國防科技工業發展格局。

參、「政產學研用」資源猶待深化整合

和國防科技工業相關之產學研資源主要包括大學院校、科研院所、相關企業，它們同時和政府、中介機構等產業主體適應外部環境變化，以市場經濟運作規律爲導向，共同從事科學研究、科技開發、市場拓展、生產行銷、諮詢服務等創新活動。[24]事實上，在知識經濟年代，不僅是政府、產業、學校、科研四大領域進行資源整合，近年來亦有加入「應用」、

20 汪曉春編，《新材料產業現狀與發展前景》（廣州：廣東經濟出版社，2015），頁5。
21 李永新編，《公共基礎知識（2014最新版）》（北京市：人民日報出版社，2013），頁242-243。
22 〈促進轉化應用，適應多維戰場需求〉，《解放軍報》，2017年11月1日，版10。
23 張嘉國，〈從七個判斷看國防軍工融合重任〉，《解放軍報》，2017年4月1日，版05。
24 謝富紀編，《技術轉移與技術交易》（北京市：清華大學出版社，2006），頁93。

「用戶」共同參與之「政產學研用」合作模式被提出，[25]實現技術創新、人才培育、社會服務、產業發展、經濟進步等功能。無論是國防科技工業或是戰略性新興產業，只要是國家重大科研項目、地方特色產業技術需求項目，結合上述五大類別綜合優勢，增進對科研人員、管理人員之交流聯繫，皆有助於提升技術移轉效率和產品研製品質（如圖6-1所示）。這是中共在突破國防科技工業發展格局，必須持續深化整合之重要工作，猶待克服下列難題。

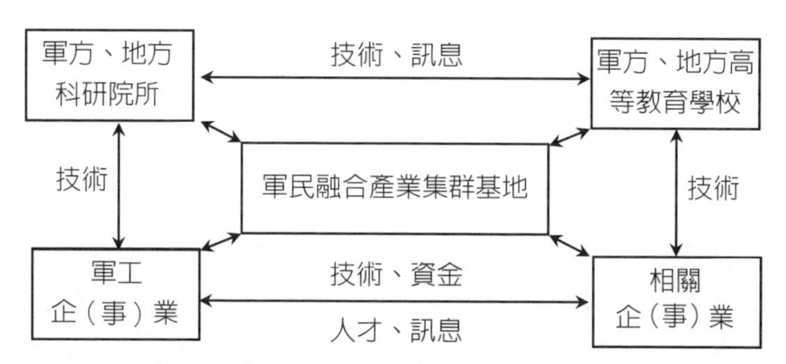

圖 6-1　軍民融合國防科技工業「政產學研用」合作模式示意圖

資料來源：筆者自行繪製。

一、產業全方位統籌規劃

深化軍民融合來發展國防科技工業，表示這項產業在民間軍工、科研力量更大幅度地加入後，涉及的面向、層級也更加複雜，需要全方位的產業統籌規劃。檢閱相關資料後可以歸納出中共在五大面向、四大體系之間的規劃和利用程度需要持續提升，前者包括軍工核心能力、裝備保障核心能力、科研需求和裝備採購、民品發展產業政策，以及軍民融合產業發展政策；後者包括軍民融合模式下的武器裝備科研體系、人才培育體系、軍事後勤保障體系，以及國防動員體系之資源整合。相關政策或作法和中共中央、地方在調控軍民融合組織、資源、供需各面向密切相關，並且決定這項國家戰略聯合機制的建立。

25 董曉輝，《軍民兩用技術產業集群協同創新》，頁126。

二、政策權管政出多門

從中共成立「中央軍民融合發展委員會」的目的可以看出，解決當前軍民融合政策政出多門，並且發揮政府部門之間對於政策分歧之仲裁、協調功能角色等情況可以發現，深化軍民融合戰略雖然明確，惟內部實際必須解決的問題仍然錯綜複雜。因此，不僅是要軍民產業之間的融合，權管解放軍武器裝備建設之裝備發展、後勤保障、科學技術等軍方主管部門，以及國家國防科技工業主管部門、相關政府協調部門之間更需要融合。目前中共在軍轉民、民參軍市場准入、技術移轉、智慧產權保護等方面並不利於軍民融合深度發展，仍待政策面的強化和周延。

三、產業基礎與投資分散

國防科技工業的基礎和經費投入息息相關。中共推動深化軍民融合戰略之產業發展方式仍在起步階段，對於生產軍品之軍工企業而言，尚無法深度融入經濟市場環境，儘管國有軍工企業的投資規模大、產業結構紮實，惟對於民用產品的投資偏重在「外延式發展」方式，[26]在適應與反應投資環境變化方面的靈活度較爲不足。此外，包括民用船舶、飛機、航天、核子技術、電訊，以及爆破技術方面的產業，雖然同樣具有軍品技術移轉特性，惟實際上受到投資報酬率偏低因素影響，使得相關投資主體僅限於個別具軍事屬性投資用於民品研製方面，欠缺對軍工經濟支撐力道。

在經費投入和管理方面，則是呈現分散、分段、分體系的管理狀態。例如：裝備科研試驗、製造、採購、維修管理、技術改良方面的費用並未在採購全程統籌規劃管理，也導致投入、生產成效受到影響。

四、條塊分割與脫節斷層

中國大陸國防科技工業資源整合的問題亦存在於解放軍內部各軍、兵種體系，以及軍民兩大領域產業之間。前者是指武器裝備建設作法不同，

26 是指企業集團透過資產重組或是企業併購等資本營運形式進行擴張與發展。見姜紹華，《轉型期中國經濟發展若干問題研究》（銀川：寧夏人民出版社，1999），頁107。

形成的條塊分割問題；後者則是指軍民兩用技術產業化方面在各環節、領域、體制脫節斷層問題。首先，儘管解放軍武器裝備的產製結構正逐漸改變過去陸軍武器裝備數量高於海軍、空軍、火箭軍之裝備數量，並且重視信息化和機械化性能提升，惟各軍、兵種之間至今仍難以形成完善的武器裝備整合體系，以及建立三軍互聯之軍事資訊基礎建設。此問題反映出解放軍全軍武器裝備兼融性、通用性仍然不足，裝備技術通用標準不一更限制了裝備保障能力。[27]

其次，儘管中共中央在政策上不斷強調要從戰略管理高度，統籌協調軍地科技資源，加強相關職能部門、科研單位、公司企業之問的統籌協調，[28]惟實際上現存問題仍然體現在國防科研與生產、產業化上、中、下游，以及國民經濟產業鏈與軍工產業鏈之間。各領域之間間隙大，軍工和民口之間，甚至是軍工系統內部銜接現存的脫節斷層問題，連帶影響軍民兩用技術政策與產業化環境發展。[29]這些國防科技工業深層次的問題，制約了軍民融合式國防科技和武器裝備科研生產體系之健全發展。

第二節　國防科技工業發展對策

如果說戰略是政策的制定依據，而政策也是戰略的具體表現，那麼按照中共將軍民融合提升至國家戰略層次，並據以訂定國防科技工業政策，就必須針對窒礙難題做出有效回應。在資訊科技時代，中共深知要打贏「信息化條件下局部戰爭」必須解決國防現代化和信息化戰爭之間包括武器裝備信息化技術、官兵科技素質、編制體制等矛盾問題。[30]因此，中共著力發展國防高新科技，增進武器裝備性能，也設法強化國防科技工業的產業體質。中共在《2004年中國的國防》白皮書中就曾提到：「中國適應武器裝備建設和社會主義市場經濟發展要求，加快國防科技工業發展，

27 周碧松，《中國特色武器裝備建設道路研究》，頁194。
28 王利勇編，《軍事裝備研究》（北京市：國防大學出版社，2014），頁136。
29 周碧松，《中國特色武器裝備建設道路研究》，頁198-199。
30 總政治部宣傳部編，《軍營理論熱點怎麼看2008》（北京市：解放軍出版社，2008），頁68-70。

努力建立結構優化、組織高效、技術先進、布局合理的國防科技工業新體系」。[31]十餘年後，中共中央、國務院、中央軍委再於2016年7月印發《關於經濟建設和國防建設融合發展的意見》，其中的內容提到2020年時，包括經濟建設和國防建設融合發展體制機制、政策法規體系都要更加成熟完善，重點領域融合和先進技術、產業產品、基礎設施等軍民共用協調性亦須獲得長足進展。[32]可見國防科技工業產業布局和國家安全、國家綜合實力提升具有密切關係。促進國防建設與經濟建設協調發展，提升國防科技工業整體水準和經濟效益，以及保障軍事裝備的生產供應滿足國防需要，[33]已成爲國防科技工業發展對策主要內涵，並以完善「六個體系」[34]建設爲任務，必須提出對應、可行之對策作法。

壹、武器裝備研製對策

國防科技是以用於軍事武器裝備的研發、製造爲核心，這也是中共深化發展這項產業之戰略價值所在。因此，無論是在過去累積的產業基礎能量和體制上進行改革，或是引導民間高科技資源進入國防科技工業體系，皆以提升解放軍武器裝備現代化爲共同目標。因此，繼續朝向高新科技領域進展之策略與作法，便成爲檢視中國大陸國防科技工業發展對策之首要指標。按照中共的辯證邏輯思維，軍民融合發展策略不僅借鏡外國軍工產業發展經驗，更有著對此客觀事務進行研究採取的方法。因此，軍、民兩者間的關係是辯證的、可以互相轉化的，儘管彼此在國防科技工業體系中的地位、作用不盡相同，資源稟賦亦有不平衡之處，但從重點和一般、個

31 中華人民共和國國務院新聞辦公室編，《2004年中國的國防》（北京市：新星出版社，2004），頁617。

32 〈中共中央、國務院、中央軍委印發「關於經濟建設和國防建設融合發展的意見」〉，《新華網》，2016年7月21日，http://news.xinhuanet.com/politics/2016-07/21/c_1119259282.htm（瀏覽日期：2017年11月17日）。

33 中國科技發展戰略研究小組編，《中國科技發展研究報告（2004-2005）》（北京市：知識產權出版社，2005），頁107。

34 是指軍民深度融合發展基礎領域資源共用體系、中國特色先進國防科技工業體系、軍民科技協同創新體系、軍事人才培養體系、軍隊保障社會化體系，以及國防動員體系。

性與共性、同和異之中，仍可找到矛盾的特殊性。因此，中共認為要利用高新科技來完善國防資訊技術基礎建設，支持新型先進武器裝備系統，[35]這也是中共在國防科技工業發展策略方面有別於其他工業大國之處。

一、擴大國防科技工業產業範疇

主要是指在既有的核工業、航空工業、航天工業、船舶工業、兵器工業系統中，持續性地加入資訊科技元素。儘管在十一大國有軍工企業國防科技體系中，「中國電子信息產業集團」、「中國電子科技集團」的產業領域涵蓋電子、通信、網路等軟硬體方面，惟在講求聯合作戰之信息化戰爭年代，用於軍事用途的武器裝備並非只有C4ISR自動化指揮系統必須信息化，陸上、海上、空中、太空，以及導航系統（navigation system）等各式武器裝備亦須同步升級成為信息化武器裝備系統。甚至包括裝備運輸，亦須納入信息化的物流思維，遂行軍事任務。因此，結合國防科技工業和解放軍軍隊信息化建設，中共將持續擴大產業範疇，亦即再納入包括軟體發展、資訊系統、網路服務、資訊安全等新興產業，甚至包括大數據、AI人工智慧、機器人、演算法、深度學習（deep learning）等資訊科技在未來也將勢必導入武器裝備研發項目。例如：當前解放軍正積極開發無人化作戰平臺（unmanned combat platform），[36]儘管尚未成熟化，惟在長年累積的國防科技工業產業基礎上，廣泛應用於軍事用途之解放軍無人化戰力正在急起直追，武器裝備之性能也不僅只著重於火力，更重要的是必須達成軍事任務、降低戰損之效能。

二、建立武器裝備通用品質特性標準

除了將資訊科技產業鑲嵌於國防科技工業體系，擴大領域範疇外，武器裝備的通用品質（quality characteristics）亦為國防科技工業應用於武器裝備研製，決定裝備效能和戰力維繫之關鍵。用於武器裝備設計、研製、

35 南京航空航天大學科技部編，《南京航空航天大學論文集2005年第29冊人類與社會科學學院第2分冊》（南京：南京航空航天大學科技部，2006），頁7-8。
36 李游華，〈緊盯明天的戰場推進陸軍建設〉，《解放軍報》，2017年11月23日，版7。

維保之通用品質特性涵蓋可靠性、維修性、保障性、測試性、安全性和環境適應性等六大方面，對裝備的作戰能力、生存能力、部署機動性、維修保障和全壽命週期費用等具有重大影響。[37]另一方面，在中共決意將國防科技工業導入軍民融合模式，也代表著武器裝備研製將同時蘊涵軍民兩用技術，新技術、新材料、新工藝等多重技術的相互滲透、影響，令相關單位在從事武器裝備研製工作方面必須格外重視通用品質標準。首先，依據《中國人民解放軍裝備條例》、《武器裝備品質管制條例》，以及2014年5月，原中共中央軍委總裝備部再頒布《裝備通用質量特性管理工作規定》，用意即在運用經濟、法律、行政手段，提升各相關單位裝備通用品質特性工作能力。[38]其次，依循政府主導原則，國防科技工業按照集中、統籌管理方式，也會針對武器裝備通用品質特性逐步建立綜合保障參數體系指標。第三，完善裝備通用品質特性標準規章制度、建立武器裝備研製評估、監督機制，已成爲中共深化軍民融合戰略，解決各軍、兵種武器裝備建設作法各異所要落實的工作重點。

貳、國防科技工業軍民融合人才培養對策

人才是國防科技工業的寶貴資產，也是推動軍民融合戰略深化發展的動力來源，其關鍵在來源和種類。其中前者包括解放軍軍事院校和國內高等教育院校針對國防科技工業人才培育的投入、作法，內涵包括愛才、識才、用才、惜才，以及對人才的考評、選拔、任用、分配、流動、保障等機制的建立；後者則包括必須培育國防科技工業的科技人才、管理人才，使其能夠具備創新思維，適應市場經濟環境，建立一支門類齊全、梯次合理、素質優良、新老銜接、滿足需要的龐大科技人才隊伍。[39]

37 熊剛強，〈裝備通用質量特性的學習與對策探討〉，《化工管理》，第10期，2014年4月，頁74-75。

38 余瑾，〈加強裝備通用質量特性管理探析〉，《標準科學》，第8期，2017年8月，頁89-91。

39 南京市科協調研課題組，〈科協服務人才工作的現狀與對策〉，《科協論壇》，第25卷，第2期，2010年2月，頁37。

一、軍事、地方院校資源整合

在中國大陸，「國防科技大學」堪稱解放軍培養理工專業人才之首要高等學校，現在也是國家「211工程」、「985工程」、[40]軍隊院校「2110工程」[41]重點建設院校之一。該校主要任務是在為國防尖端技術培養高品質、高水準的研究、設計、生產、試驗、使用方面的人才。[42]除此之外，尚有哈爾濱工業大學、北京航空航天大學、西北工業大學、南京航空航天大學、西安電子科技大學、北京理工大學、南京理工大學，以及哈爾濱工程大學等八所高等院校亦為國防科技體系重點學校。中共視國防科技工業人才和創新團隊在推進軍民融合戰略方面具有突破科技難點的主體作用，必須進行優勢資源整合，開展教育合作，以實現資源共享、信息互通、優勢互補目標。

其次，培養國防科技人才，首先要辦好國防高等科技院校，同時又要積極運用多種形式，開拓培養人才的管道。[43]依據《關於經濟建設和國防建設融合發展的意見》，內容提及要提升軍事人才質量、軍地教育資源統籌之核心內容包括：第一，推動軍事人才發展體制改革、政策創新，並且拓展藉由國民教育培養軍事人才範疇。因此，必須提升地方師資、科研設施、創新成果，對軍事人才培養抱持開放服務的政策制度，健全由社會層面開展軍事人才專業評估制度，將評估結果納入國家職業資格管理體系。第二，鼓勵普通高等學校、武器裝備研製單位從事新興專業人才儲備工作，對於承擔軍事人才培養任務的地方單位，可從條件建設、財政投入、

40 「211工程」是指為了面向21世紀，在中國大陸重點建設100所左右高等學校和一些重點學科、專業，並且輔助支持達到世界一流大學的水準。「985工程」是指在「211工程」基礎上，再提出要創建世界一流大學。見蔡勝華、張眞編，《優錄取：全面解析高校專業科學填報高考志願》（北京市：中國林業出版社，2016），頁44、46。

41 是指按照中共中央軍委部署，21世紀前十年，在「三重」建設基礎上，重點建設解放軍學科專業和院校。見馬立峰，〈國防軍事教育研究〉，輯於全國教育科學規劃領導小組辦公室編，《全國教育科學「十五」規劃學科發展報告》（北京市：教育科學出版社，2008），頁311-325。

42 吳遠平、趙新力、趙俊傑，《新中國國防科技體系的形成與發展研究》（北京市：國防工業出版社，2006），頁289。

43 梁海冰，〈中國特色國防研究三十年：國防科技工業篇〉，《軍事歷史研究》，第3期，2008年3月，頁15。

表彰激勵等方面由國家予以優惠政策支持。[44]由此可見，中共正設法將軍事、地方之教育資源進行整合，加強院校、科研機構、工業企業以及社會的廣泛聯繫，[45]讓具有豐富理論知識的科研院所、學校專家教授深入工業企業，參加實踐生產，充實實踐經驗。[46]

軍民融合科技自主、創新趨勢不僅對國防科技工業帶來許多挑戰，高等院校亦須順應這股潮流，完善產業適用人才各項建設工作。因此，中共在國防科技體系高等院校教師研究、教育體制方面定會持續增進包括教學品質、研究能力等有助於人才養成相關配套作爲，滿足產業發展實際需求。

二、軍民融合人才養成重點

科研人才、管理人才在人力資源管理體系猶如系統的軟體和硬體，各自具有重要功能，缺一不可。軍民融合國防科技工業也不例外。如同先前所述，中共除了整合解放軍、國防工業、地方高等院校、科研院所與民用企事業單位教育資源，培養國防、民用科技互動發展各類人才外，[47]針對人才培育的種類、職能亦有其見解。其中，科研人才掌握了國防科技的專業知識，決定了發展格局、程度和層次；管理人才則能夠健全體系運作，確保營運效能充分發揮。兩者共同成爲這項產業的支撐關鍵，必須爲實現國防科技工業創新發展提供戰略支撐與智慧支援。

（一）科研人才

在教學設計方面，中共主張必須先以瞭解、熱愛、投身國防科技工業

44 張珩，〈高校科研促進軍民融合發展的契機與路徑〉，《中國科技縱橫》，第11期，2017年6月，頁207-208。

45 以中國大陸舉辦「2017全國電子戰學術交流大會」爲例，主辦單位即包括中國電子信息行業聯合會、中國電子學會、國防科技大學。見〈2017全國電子戰學術交流大會在合肥召開〉，《中國電子報》，2017年11月29日，http://cyyw.cena.com.cn/2017-11/29/content_374983.htm（瀏覽日期：2017年11月14日）。

46 楊梅枝編，《中國特色軍民融合式發展研究》（西安：西北工業大學出版社，2012），頁144-145。

47 李升泉、李志輝編，《説説國防和軍隊改革新趨勢》，頁230-235。

爲核心主軸，在教學人力方面著重政治素質、學術研究成果，並且兼顧各個專業領域之結構比例，均衡培育人才。其次，在學科、學程設計方面，必須對應於現有國防科技工業六大領域，進行應用技術基礎學科、專業學科、重點學科之課程設計，同時也設立博士、碩士研究學程，吸引優秀學生、研究生攻讀國防科技學科專業，結合創新教育基地、專業實驗教學示範中心、生產實習基地等培養本科生、研究生之教育、研究環境，強化國防科技學科專業，以及創新精神、創新意識、創新能力之養成。[48]

（二）管理人才

和科研人才相同的是，管理人才用於國防科技工業首重思想政治素質，其次是管理科學專業程度和領導管理能力。爲了能夠增進國防科技工業的市場競爭力，中共亦重視企業經營人才管理，並且要能堅定國家發展大政方針，以現代化的專業知識、管理能力，建立自基層至高階管理、經理之人才體系。管理人才主要透過地方企業、科研院所進行培訓，使其同時具備軍品、民品設計、生產市場開發能力。[49]另一方面，以軍民融合策略發展國防科技工業方式在不同程度上必須參酌外國軍工產業經驗，選派適員前往對象國家學習、交換經營管理經驗，亦有助於國防科技工業體系之自我改革創新。

人才的培育固然重要，惟能夠留用、激勵工作效能對於推動國防科技工業亦無法偏廢。基此，中共一方面積極鼓動在國外留學、工作之專家返國，投身國防科技工業軍民融合產業或戰略性新興產業，貢獻國防科技和經濟發展長才；另一方面則是以高薪、高福利、就業保障爲誘因，透過多種途徑，達成吸引高階人才目的。

48 何東昌編，《中華人民共和國重要教育文獻：2003-2008》（北京市：新世界出版社，2010），頁1109。
49 楊梅枝編，《中國特色軍民融合式發展研究》，頁146-147。

參、國防科技智慧產權管理對策

如同前兩章在探討國防科技應用於中共軍力現代化過程，或是支持戰略性新興產業發展，受到相關法規制定或修訂進度落後影響，導致在積極推動軍民融合戰略及其相關政策後，業已造成技術專利、智慧財產等外流問題，不僅影響軍地關係、權益，甚至對國防科技保密安全造成負面影響。軍方與地方軍工企（事）業按照政策要求，加速交流各方科技人才和資訊，國防科研機構與軍工企業、大學院校、研究機構、私營企業基於軍地合作建立之軍工、軍隊、私營企業平臺增加後，因技術專利認定差異，使得許多合作研究案僅在契約上書明，而尚未申請專利之國防科技項目卻出現專利外流，或是各方基於利益考量，導致申請專利權利喪失、專利爭奪等問題，極易成爲相互指責或爭論議題。此外，因國防智慧產權管理、轉讓、開發爭議導致技術洩密或觸及國防事務機敏訊息安全疑慮情形都較以往更加嚴重，令中共必須愼重制定相關規範作法，確保軍地各方國防科技創新和軍民用技術雙向轉化權益。

2017年9月12日、12月1日，中共中央軍委裝備發展部分別頒布、實施《裝備承製單位知識產權管理要求（GJB 9158-2017）》，這份首部制定之裝備建設領域智慧產權管理之國家軍用標準文件，主要內容提及和智慧產權獲取、維護、運用、保護全盤過程之一般要求，[50]象徵中共在軍民融合國防科技工業發展對策方面，愈來愈重視智慧產權的保護。這項過去多由解放軍軍方掌握的訊息資訊，在軍民兩用技術政策確立後，無論是基於機敏資訊保護，或是智慧產權保障，其重要性都較以往來得更加重要，一方面能夠對參與國防科技工業之軍地企（事）業提出明確標準，在必要的對外採購或是合作事項方面，更是不可或缺的規範要件。因此，必須加強對智慧產權的創造、應用、保護，以及完善技術標準制定、國外知識引進，以及強化國際合作等方面政策。[51]

50 中央軍委裝備發展部，《裝備承製單位知識產權管理要求》（北京市：國家軍用標準出版發行部，2017），頁5-9。

51 宋大偉，《中國經濟社會發展研究》（北京市：中國言實出版社，2015），頁105。

以中共中央軍委針對解放軍裝備智慧產權管理實務管理要求爲例，其智慧產權管理的物件包括軍隊裝備科技工作中涉及承擔裝備及配套產品科研、生產、修理、技術服務等任務單位之專利、著作、技術秘密、技術資料、電腦軟體等，其產權範圍則涵蓋自然人或法人對其智慧活動創造成果依法享有之專利權、商標權、著作權、積體電路布圖設計權、地理標誌權、植物新品種權、未披露的信息專有權等權利。[52]此外，若再進一步檢視解放軍空軍部隊智慧產權實務管理工作，主要項目包括有：制定與智慧產權有關之規章制度，組織、開展空軍專利工作，審查與空軍相關之國防專利、涉外專利申請，調解處理有關軍事專利糾紛，管理軍事專利權轉讓、專利許可證貿易有關事項。[53]由此可見，對解放軍軍方而言，如何在不損及國家和國防安全利益原則下，由國有軍工企業進行國防科技工業智慧產權之轉用或分享，是向私營企業採取開放參與態勢後必須審愼規範的重點。

反觀地方私營軍工企（事）業單位，往往高度依賴對智慧產權保護，作爲獲取利潤或回收成本之有利手段。在軍地雙方對智慧產權保護的考量因素不同情形下，找到兼顧兩者權益的作法，也成爲國防科技工業軍民融合的均衡關鍵。就現況而論，中國大陸現已建立許多軍民科技訊息交流網站、數據資料庫，藉由網路增進軍品需求訊息發布、流通和供需對話機制。同時爲了能夠滿足多層次之安全防護需求，中共依據不同的項目分別設定訪問權限，一方面增進軍民雙方有關單位充分利用，掌握科技訊息，另一方面則是在安全防護要求下發揮訊息服務功能。[54]

52 中央軍委裝備發展部，《裝備承製單位知識產權管理要求》，頁1。

53 中國空軍百科全書編審委員會，《中國空軍百科全書（上）》（北京市：航空工業出版社，2005），頁520。

54 羅成華、李曉虹，〈軍民融合式發展與裝備知識產權管理〉，輯於于川信編，《軍民融合式發展理論研究》，頁88-89。

第三節　國防科技工業影響效應

中共重視國家國防科技工業發展，係因其發展體系直接攸關國家安全戰略布局、經濟增長機會，以及充實解放軍各軍、兵種武器裝備性能需求等方面之健全發展。首先，自1980年以來，一股以資訊、新材料、生物等高新科技為特色之變革趨勢衝擊全世界，傳統產業面臨轉型，高科技產業更占據世界大國國家安全與發展之戰略性要位，決定國家綜合國力、國家競爭力之關鍵要素。[55]從上述研究背景可知，中國大陸國防科技工業歷經轉型蛻變進程，仍在積極強健其產業體系，並且發揮支撐國家戰略性新興產業功能，對應於習近平主政後更加詭譎難料的國際局勢，大國較勁將愈形激烈。本研究認為具有明確的戰略導向，同時達到多元發展目標，成為中國大陸國防科技工業受到高度重視最主要的原因。其次，全球經濟競爭格局也隨著大國國力、軍力消長，以及產業結構關係轉變，正在發生深刻變革。特別是中國大陸自2012年後成為世界第二大經濟體後，在未來國際政治經濟競爭中搶占戰略制高點的態勢已經明確，儘管中共正在極力跳脫國家掉入「中等收入陷阱」，惟新一代集體領導核心在新一輪科技與產業革新之中，正頂著不能輸的壓力，設法在全球經濟中找尋更豐富的產業發展發展空間和機會。第三，國防軍力建設對國家安全的意義不言而喻，無論是實現中國夢或是強軍夢，設法找出一舉數得的發展處方，能夠同時滿足安全、經濟與防務建設三方面實際需求，成為中共著力解答的問題。國防科技工業雖然是國家工業產業體系中一環，卻是根本的核心關鍵，不僅對中國大陸本身至關重要，也對世界和臺灣國家安全、國家發展密切相關。

壹、安全面向

一個國家只有擁有符合時代特徵和社會生產力發展趨勢的高水準的國防工業體系，才能依靠自己的力量追求實力和影響，實現國家安全目標和

55 魏禮群編，《中國高新技術產業年鑑：2001》（北京市：中國言實出版社，2001），頁12-13。

發展目標的統一。[56]這句話透露出中共重視國防科技工業這項戰略性產業之根本原因。從1960年代，毛澤東提出「三線建設」戰略，到1970年代，中共建立起基本的國防科技工業體系，再至1978年改革開放時期，鄧小平著手進行國防科技工業體系改革轉型，以至其後的江澤民、胡錦濤、習近平對於國防科技工業發展路徑之繼承和變革，揭示著中共欲建立能夠滿足國防建設需要，同時可以適應社會主義市場經濟要求之國防科技工業新體制，實現打贏信息化條件下局部戰爭之國防科技工業發展目標，以維護國家安全。

從安全面向探討中國大陸國防科技工業之影響效應，關切議題核心在：此一戰略性產業在歷經逾六十年的蛻變發展後，已對長久以來奉行韜光養晦式（lie low）的「積極防禦」軍事戰略方針產生策略操作上的轉變，[57]亦即儘管至今中共並未改變「積極防禦」戰略指導思想，惟在習近平主政時期積極從事全方位外交（multi-faceted diplomacy），推動建立新型國際關係，更加顯示「韜光養晦」外交指導方針正轉向「有所作爲」涵義。[58]這種展現大國雄心（ambition of a big power），被認定在新形勢下既重視發展又重視安全之戰略內涵勢將改變亞太區域安全格局和國際秩序。[59]這是中共發展國防科技工業在安全面向上突顯的戰略效應。[60]

2014年4月15日，習近平主持中共中央國家安全委員會第一次會議時

56 果增明編，《中國國家安全經濟導論》（北京市：中國統計出版社，2006），頁135。

57 中共認爲：中華人民共和國成立以來，中國的軍事戰略方針一直是積極防禦。但在不同時期，積極防禦軍事戰略方針的內容有所不同，而且根據形勢的變化，在不斷發展之中。見〈中國積極防禦軍事戰略方針歷經多次調整〉，《福建日報》，2015年5月27日，版7。

58 宮力、王紅續編，《新時期中國外交戰略》（北京市：中共中央黨校出版社，2014），頁95-96。

59 〈習近平的國家安全觀：既重視發展又重視安全〉，《中國共產黨新聞網》，2017年2月21日，http://cpc.people.com.cn/xuexi/BIG5/n1/2017/0221/c385474-29096939.html（瀏覽日期：2017年11月14日）；〈把學習貫徹習主席系列重要講話精神引向深入〉，《解放軍報》，2015年8月12日，版5。

60 中共於2015年1月5日召開「2015年國防科技工業工作會議」，強調將構建布局合理、基礎穩固，創新高效、自主可控，開放競爭、軍民融合，規範治理、充滿活力之國防科技工業體系，著力落實國家安全和軍民融合兩大戰略、抓好兩大工程、強化深化改革和自主創新兩大動力、開拓國內和國際兩大市場、加強法治軍工和人才隊伍兩大建設。見〈加快建設中國特色先進國防科技工業體系〉，《中國國家國防科技工業局》，2015年1月5日，http://www.sastind.gov.cn/n112/n117/c463724/content.html（瀏覽日期：2017年11月17日）。

提出「總體國家安全觀」概念，其中包括外部安全、內部安全、國土安全、國民安全等內容廣泛的安全概念。[61]這些內外複雜的安全情勢，已令中共領導人無法迴避中國大陸在國際政經問題、傳統與非傳統安全威脅方面帶來的挑戰。2015年1月23日，中共中央政治局召開會議，審議通過《國家安全戰略綱要》，其內容指出：「在發展和改革開放中促安全，走中國特色國家安全道路。要做好各領域國家安全工作，大力推進國家安全各種保障能力建設，……」。[62]這些中共中央決策高層做出之政策指導，對應至國防科技工業發展，即是對構建中國特色先進國防科技工業體系提出更高要求，並且展現在國防軍工行業改革，以及軍工領域的事業單位改制。[63]

就現況而論，習近平將國家安全之戰略定位在共同、綜合、合作、可持續之亞洲新安全觀。[64]然而，若從戰略競爭（strategic competition）角度來看，國際間亦開始關注中國大陸會掉入國際關係權力轉移理論（power transition theory）中的「金德柏格陷阱」（Kindleberger Trap）或是「修昔底德陷阱」（Thucydides Trap）。[65]這些無論是建立在習近平提出的：永不稱霸、永不擴張、永不謀求勢力範圍之堅持和平發展道路立場，[66]並且主張國際間互信、互利、平等、協作的和平共處原則，[67]抑或

61 〈習近平：堅持總體國家安全觀，走中國特色國家安全道路〉，《新華網》，2014年4月15日，http://news.xinhuanet.com/politics/2014-04/15/c_1110253910.htm（瀏覽日期：2017年11月17日）。

62 〈中共中央政治局召開會議審議通過《國家安全戰略綱要》〉，《人民日報》，2015年1月24日，版1。

63 歐陽春香，〈聚焦「強軍夢」，軍工成今年國企改革重點〉，《新華網》，2015年2月27日，http://big5.news.cn/gate/big5/www.cs.com.cn/gppd/zzyj2014/201502/t20150227_4652285.html（瀏覽日期：2017年11月17日）。

64 〈習近平：積極樹立亞洲安全觀，共創安全合作新局面〉，《新華網》，2014年5月21日，http://news.xinhuanet.com/world/2014-05/21/c_126528981.htm（瀏覽日期：2017年11月17日）。

65 Joseph Nye, “The Kindleberger Trap,” *China-US Focus*, March 1, 2017, http://www.chinausfocus.com/foreign-policy/the-kindleberger-trap (Accessed 2017/11/17).

66 中共中央文獻研究室編，《十八大以來重要文獻選編（中）》（北京市：中央文獻出版社，2016），頁698。

67 〈中國武裝力量的多樣化運用〉，《中國政府網》，2013年4月16日，http://www.gov.cn/zhengce/2013-04/16/content_2618550.htm（瀏覽日期：2017年11月17日）。

是面對中國大陸再次興起，最終仍難以迴避地挑戰現有強權國家國際地位，都需要軍事力量以及健全的國防工業體系，這也將讓解放軍積極推進國防與軍隊現代化得到更進一步之戰略支持（strategy support）。因此，當中共堅持軍隊建設必須服從和服務於國家經濟建設大局，[68]而國家經濟建設又與國家安全利益相互依存時，中國大陸國防科技工業發展已在安全面向構成關鍵性影響。

貳、經濟面向

「軍轉民」、「民參軍」，推動軍民融合深度發展是中國大陸國防科技工業與經濟發展格局之最大交集。除此之外，有關國防經濟安全、國防工業經濟等相關領域之研究，亦爲深入探討國防工業能力、能力系統、能力結構與經濟發展之關係、作用等議題之關注焦點。國防科技工業是國防現代化的重要工業和技術基礎，亦是國民經濟發展的戰略性產業和科學技術現代化的重要推動力。[69]從中共國家經濟發展面向而論，國防科技工業在軍民兩用技術的基礎之上，亦主導民用航空、航天、船舶、核電及核應用技術、民用爆破等軍工主導民品之生產發展。以航天科技工業爲例，作爲一種以高科技爲特徵之戰略性產業，不僅能貢獻於國民經濟發展，亦能推動技術進步、加速產業升級、促進經濟增長、增強國家競爭力等積極作用。[70]因此，從經濟面向而言，國防科技工業對於中共積極從事經濟改革轉型、產業結構調整具有實際功效。

國防科技工業不僅和經濟發展聯繫，亦與經濟利益、經濟安全等議題關係密切。若再結合國防科技工業、經濟與安全所形成的「國防經濟安全」議題，並以國防科技工業、國家經濟發展政策相互適應爲核心，檢視

68 李志萍、韋取名，〈鄧小平軍事戰略思想及戰略決策〉，《人民網》，2014年7月23日，http://cpc.people.com.cn/BIG5/n/2014/0723/c69113-25326384.html（瀏覽日期：2017年11月17日）。

69 江澤民，《論科學技術》，頁136。

70 方向明，〈促進航太科技工業與國民經濟協調發展〉，《學習時報》，2005年10月21日，版6。

政府、軍方與企業關係，可見當前中國大陸十一家國有軍工企業等從事武器裝備以及航空、航天、船舶、核電等民用產品的研製、生產等相關建設活動，不僅是中國大陸國防科技工業發展之骨幹，扮演政府、軍方與企業之間管理、研製、技術轉移等聯繫橋樑，更重要的則是這些單位產製的各式產品、專利更能化爲龐大的經濟利益，挹注國家總體經濟增長。除此之外，由這些大型企業帶動中下游私營企業共同參與國防科技工業發展，進而造成軍民一體化、產權多元化、裝備信息化、決策民主化與國防經濟安全，以及軍轉民、民參軍、軍民兩用技術開發和產業化等方面議題，[71]皆爲從國內經濟面向探討國防科技工業發展效應可供觀察之焦點。

另一方面，就中共國際經濟發展面向而論，隨著經濟全球化進程加速，以及中共經濟持續對外開放，導致中國大陸在全球的戰略利益不斷拓展，中共利用國際市場、國際資源的依賴程度也愈來愈高。因此，國防科技工業的發展對中共而言，不僅能夠滿足對解放軍各類型武器和軍事裝備需求，亦能夠出口至全世界，成爲名符其實的軍火輸出國家。中國大陸武器出口貿易量正在由以往的小額貿易轉向高額貿易，出口國更是由過去發展落後的第三世界國家擴大至已開發國家，產品質量亦持續提升。以2017年沙烏地阿拉伯爲例，即向中共訂購「彩虹-4」（CH-4）、「彩虹-5」（CH-5）無人機和東風21型導彈等武器，[72]躍升成爲中國大陸最大的出口國之一。除此之外，中國大陸軍品外銷的國家和種類包括：向阿拉伯聯合大公國、伊拉克、埃及、尼日出口無人機；向蘇丹出口「山鷹」教練機；向緬甸出口59D式坦克、「梟龍」戰機；向泰國、巴基斯坦出口潛艇；向印尼出口反艦導彈。其軍售品項從單一器件至武器系統，種類繁多，另中國大陸在全球軍工市場上受到高度關注，實質上更已超越法國，成爲僅次於美國、俄羅斯的世界第三大軍火輸出國家。

71 陳曉和，《中外國防經濟安全比較研究》，頁2。

72 Chen Chuanren and Chris Pocock, "Saudi Arabia Buying and Building Chinese Armed Drones," *AINonline*, April 12, 2017, https://www.ainonline.com/aviation-news/defense/2017-04-12/saudi-arabia-buying-and-building-chinese-armed-drones (Accessed 2017/11/17); Girish Shetti, "A Chinese Military Drone Factory will Soon Come up in Saudi Arabia: Report," *China Topix*, March 27, 2017, http://www.chinatopix.com/articles/112824/20170327/chinese-military-drone-factory-will-soon-come-up-saudi-arabia.htm (Accessed 2017/11/17).

中共自1980年代以來開始推動攸關國家高科技發展之「863計畫」、「973計畫」。儘管在2016年2月提出國家重點研發計畫後，這兩項科技計畫之資助項目將停止，惟這段歷經三十年投注之科技發展經驗，已為中國大陸資訊、航天、雷射、生物、能源、新材料，以及自動化技術等領域奠下根基，尤其是在構建無人化作戰平臺中不可或缺之無人機技術，其中包含著精密探測、傳感、資訊、通信、導航、飛行、材料、自動控制等高新技術集一身，不僅提供國內軍方、政府部門靈活適用於各類型任務，中共更將各式高階、低階無人機市場投向全世界。以2017年杜拜國際航空展覽會（Dubai Airshow）為例，中共陳展了「翼龍」、「雲影」、「彩虹」、「風雲」、「天鷹」、「翔龍」一系列無人機，[73]展現中國大陸在無人機製造領域競銷、搶占市場優勢之意圖。

從經濟效益角度而論，中國大陸積極發展軍民融合國防科技工業，其軍事武器裝備外銷出口能力，正逐漸從「有什麼賣什麼」，提升至「要什麼賣什麼」層次，儘管在品質質量上仍有待提高，惟中共利用價格優勢、種類齊全，以及具備全產業鏈的供應能力等定型化策略，也在國際間找到愈來愈多的行銷國家。例如：中國大陸的陸軍武器裝備，從手槍到火砲；從坦克到直升機，中共已能提供中等軍力國家客製化的全系列武器裝備防務體系。像是對於東南亞國家而言，中共可以提供適合山地密林機動之輕型坦克，也可提供中東地區國家製造適合在沙漠地形運動之裝甲車輛。[74]在各方面技術支持下，具有靈活彈性空間的軍民融合國防科技工業發展模式，不僅開始發揮對國內經濟增長的挹注效應，隨著亞洲、非洲、拉丁美洲以及中東地區之防務市場需求持續增加，[75]也將改變未來國際軍火貿易

73 張文昌，〈中國無人機讓世界見識「中國造」〉，《中國青年報》，2017年11月23日，版3。

74 房永智，〈國際軍貿市場無法避「中國製造」〉，輯於李雪紅編，《大國爭鋒：中國軍事專家透視世界軍情》（北京市：中國青年出版社，2015），頁326-330；〈已具備全產業鏈，解放軍這一能力僅此美俄〉，《多維新聞》，2017年11月24日，http://news.dwnews.com/china/news/2017-11-24/60025720.html（瀏覽日期：2017年12月2日）。

75 "Increase in Arms Transfers Driven by Demand in the Middle East and Asia, says SIPRI," *SIPRI*, February 20, 2017, https://www.sipri.org/media/press-release/2017/increase-arms-transfers-driven-demand-middle-east-and-asia-says-sipri (Accessed 2017/11/17).

市場競爭格局（如表6-2）。

表 6-2　2009-2018年國際武器輸出軍火貿易市場統計表

輸出國	武器國際出口百分比		2014-2018年主要客戶（占輸出國總輸出百分比）		
	2014-2018年	2009-2013年	第一名	第二名	第三名
美國	36	30	沙烏地阿拉伯（22）	澳洲（7.7）	阿拉伯聯合大公國（6.7）
俄羅斯	21	27	印度（27）	中國大陸（14）	阿爾及利亞（14）
法國	6.8	5.1	埃及（28）	印度（9.8）	沙烏地阿拉伯（7.4）
德國	6.4	6.1	南韓（19）	希臘（10）	以色列（8.3）
中國大陸	5.2	5.5	巴基斯坦（37）	孟加拉（16）	阿爾及利亞（11）
英國	4.2	4.3	沙烏地阿拉伯（44）	阿曼（15）	印尼（11）
西班牙	3.2	2.9	澳洲（42）	土耳其（13）	沙烏地阿拉伯（8.3）
以色列	3.1	2.1	印度（46）	亞塞拜然（17）	越南（8.5）
義大利	2.3	2.7	土耳其（15）	阿爾及利亞（9.1）	以色列（7.6）
荷蘭	2.1	1.9	約旦（15）	印尼（15）	美國（11）

資料來源：Pieter D. Wezeman, Aude Fleurant, Alexandra Kuimova, Nan Tian and Siemon T. Wezeman, “Trends in International Arms Transfers, 2018,” *SIPRI Fact Sheet,* March 2019, https://www.sipri.org/publications/2019/sipri-fact-sheets/trends-international-arms-transfers-2018 (Accessed 2019/3/18).

參、防務面向

中共的黨軍關係邏輯思維是：「政治決定軍事，軍事服從政治。」[76]

76 姚有志編，《當代軍隊政治工作學論綱》（北京市：軍事譯文出版社，1992），頁241。

當前中共堅持軍隊建設是以創新發展軍事理論爲先導，著力提升國防科技工業自主創新能力，深入推進軍隊組織形態現代化，構建中國特色現代化軍事力量體系，全面加強新型軍事人才隊伍建設，建設一支能打仗、打勝仗的強大軍隊。以此對應於中共六大領域國防科技工業發展之重要價值，對於解放軍而言，就如同陽光、空氣、水是人類賴以生存的三大要素一樣。此一產業是解放軍軍力現代化以及國防自主化的關鍵。在習近平提出「富國強軍」政策指導方針下，各軍、兵種基於防務安全與建設需求，正爲了實現「強軍夢」而積極投入武器裝備科研工作，其內容包括軍事武器裝備之研發和生產管理制度。例如：中共《武器裝備科研生產許可實施辦法》即明文界定：武器裝備科研生產是指武器裝備的總體、系統、專用配套產品的科研生產活動。透過「軍民結合、寓軍於民」之研發生產合作模式，推動軍事武器裝備發展和國防現代化建設。武器裝備現代化，可說是一支軍隊現代化的重要組成部分。

解放軍各種武器裝備科研發展軸線，是朝向以滿足「信息化」與「一體化聯合作戰」需求而演進。另一方面，爲兼顧國防和經濟發展，在軍民融合發展策略下，解放軍軍隊建設按照中國大陸國務院國防科技工業主管部門會同解放軍裝備發展部、科學技術委員會以及國內軍工電子行業主管部門，共同制定管理制度，進行各式武器裝備科研生產工作（如圖6-2所示）。[77]各軍、兵種不能獨立於現行管理制度之外，一方面必須根據軍、兵種特性提出武器裝備需求，另一方面仍須遵循解放軍武器裝備領導與管理制度。

按照現行體制，中共中央軍委裝備發展部是解放軍全軍武器裝備建設統一管理的領導機關，[78]中央軍委科學技術委員會則對於武器裝備建設扮演著總體規劃和設計之功能角色，以確保人力、技術、資金和軍地雙方

77 〈武器裝備科研生產許可管理條例〉，輯於國務院法制辦公室編，《法律法規全書》，頁457-458。

78 總裝備部負責組織領導共軍全軍的武器裝備建設工作，設有綜合計畫、軍、兵種裝備、陸軍裝備科研訂購、通用裝備保障，電子資訊基礎、裝備技術合作等部門。見新華通訊社，《中華人民共和國年鑑：2001》（北京市：中華人民共和國年鑑社，2001），頁39。

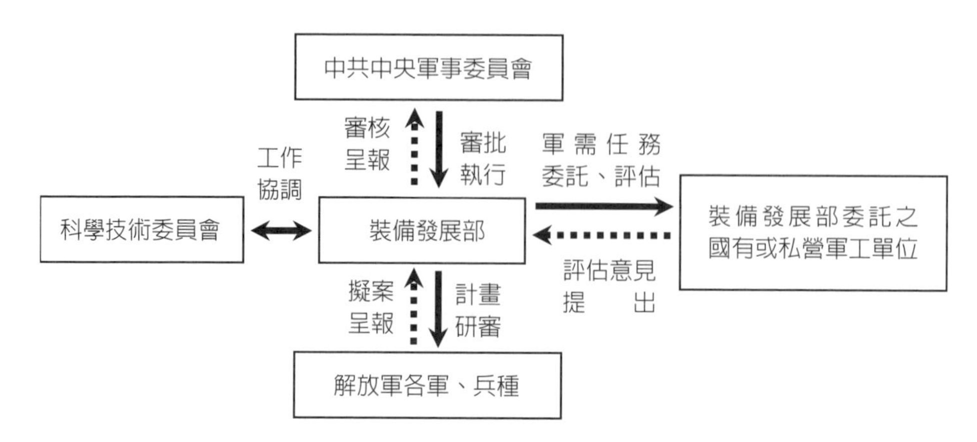

圖 6-2　解放軍各軍、兵種武器裝備科研規劃程序示意圖

資料來源：筆者自行繪製。

在建軍經費和資源分配等方面整體使用效率得以充分展現。[79]事實上，軍委裝備發展部過去在「總裝備部」成立時的背景是處於「打贏高技術條件下的局部戰爭」時期，其中心任務就是武器裝備現代化建設，也就是一手抓新型武器裝備發展，一手抓現有武器裝備管理，集中力量辦大事。[80]因此，就各軍、兵種武器裝備科研發展策略而言，必須遵照《中國人民解放軍裝備科研條例》、《武器裝備質量管理條例》等規範，進行武器裝備研製、試驗、定型、生產、試驗和維修等武器裝備科研工作。[81]此外，爲適應高技術條件下聯合作戰需求，解放軍以高新技術爲支撐，研製具有決定性優勢的軍武科技裝備，根據新的作戰思想和戰法，提出武器裝備建設的發展規劃。[82]

因應中共持續強化解放軍軍力，並且能夠滿足陸、海、空、天、電等未來戰爭多維空間之作戰需求，其防務武器裝備發展亦會將朝向隱形

79 李景田主編，《中國共產黨歷史大辭典：1921-2011》（北京市：中共中央黨校出版社，2011），頁76。

80 〈1998年4月3日人民解放軍組建總裝備部〉，《中國共產黨新聞》，http://cpc.people.com.cn/BIG5/64162/64165/78561/79696/5521332.html（瀏覽日期：2016年9月8日）。

81 〈武器裝備質量管理條例〉，輯於國務院法制辦公室編，《中華人民共和國產品質量法典》（北京市：中國法制出版社，2014），頁443。

82 郝玉慶、蔡仁照編，《軍隊建設學》（北京市：國防大學出版社，2007），頁291。

化、無人化、自動化、智能化、多功能化發展。因此，中共除了繼續改革國有軍工企業，更會對私營企業、事業單位加入國防科技工業產業鏈更加開放。[83]2017年11月23日，中國大陸國務院辦公廳公布〈關於推動國防科技工業軍民融合深度發展的意見〉（國辦發〔2017〕91號），其內容明確提到：「推動軍品科研生產能力結構調整」、「擴大軍工單位外部協作」、「積極引入社會資本參與軍工企業股份制改造」、「完善武器裝備科研生產准入退出機制」，以及「推進武器裝備科研生產競爭」等多項具體作法，冀能提升國防科技工業水準、支撐國防軍隊建設、推動科學技術進步、服務經濟社會發展。[84]現階段解放軍軍力發展建設，有繼承、亦有創新，藉由習近平的強力主導，要求軍隊必須深入研究強軍興軍，準確掌握未來戰爭趨勢，結合戰爭中的政治本質，構成解放軍軍力發展之實際內涵。

在各軍、兵種戰鬥能力取向與發展格局方面，按照中共的認知，十八屆三中全會決定展開國防和軍隊深化改革的時機正是共軍轉型的新時期。從各種跡證可見，解放軍軍隊歷史使命較以往更爲擴大，因而須以戰鬥力爲核心，全方位、多功能地審視當前兵力結構，進而提升軍事能力。再者，在軍事後勤能力取向與發展格局方面，解放軍不僅建立統一的後勤領導管理與保障機構，亦建立各軍、兵種混合部隊後勤保障體系、裝備保障體系、聯勤體制，以及後勤社會化保障。最後，在軍事裝備管理能力取向與發展格局方面，解放軍體認在建立信息化軍事能力，以及軍武裝備改以信息化爲主導趨勢下，必須建立效率高、功能強之軍隊武器裝備發展體制。在習近平提出強軍以及深化國防和軍隊改革目標後，解放軍軍事裝備管理能力也將朝向符合中共經濟發展條件與國家機構改革方向調整。

83 〈促進轉化應用，適應多維戰場需求〉，版10。

84 〈國務院辦公廳關於推動國防科技工業軍民融合深度發展的意見〉，《新華網》，2017年12月4日，http://news.xinhuanet.com/politics/2017-12/04/c_1122056308.htm（瀏覽日期：2017年12月10日）。

第七章　結論
兼具防務與經濟雙重效益的強效處方

國防科技工業是保障國家安全的戰略力量之一，也是實現中國大陸國防現代化、國家軍事戰略、保證國家軍事實力與軍事優勢最重要之科技與工業基礎。除此之外，中國大陸國防科技工業也是促進國民經濟發展、帶動國家科技進步之動能。兵學經典《孫子兵法・作戰篇》曾提到：「凡用兵之法，馳車千駟，革車千乘，帶甲十萬，千里饋糧，則內外之費，賓客之用，膠漆之材，車甲之奉，日費千金，然後十萬之師舉矣」。這段在探討古代用兵必須注重國防經濟準備常見的語錄蘊涵三項核心要素：軍隊、軍備、軍費，並且直指國家的國防實力必定有賴無虞的人力、物力、財力支持。因此，無論是強軍富國；抑或是富國強軍，一個國家要能兼顧安全與發展，必須釐清國防與經濟之間的關係，並且找出揉合兩者的可行之道。

本書檢視中國大陸國防科技工業蛻變的歷程，以及發展的願景，這項攸關中國大陸軍力、國力消長的產業，歷經近六十年國內政治、國際政治、經濟、安全局勢，以及產業結構環境轉變，可用發展初期時「艱難困頓的激情」、改革過程時「如履薄冰的熱情」以及深化發展時「雄心壯志的豪情」來說明中共舉全國之力投入這項戰略性產業之三種時運轉折過程。首先，在中共建政初期的革命狂飆年代，國防科技工業被框限於先軍政治戰略思維中，並且力圖在國家內外交迫、國困民艱的環境中，設法紮下國防科技工業基礎。其次，改革開放後，中共著力以經濟建設為優先，儘管對於國防科技工業發展仍有期許，惟角色功能、經營模式已隨著戰略指導方針改變而迫於現實需要，展開前所未有的軍工企業體質改革。再者，在中國大陸融入經濟全球化鏈路，軍民產業更進一步地世界接軌，深化軍民融合國防科技工業發展已成爲帶動國家防務和經濟實力增長的發動引擎。特別是在未來，中國大陸國防科技工業發展項目更是要設法從和國際相較之「追隨者」轉向「並行者」，甚至在某些特定領域，成爲躋身世界先進行列之「領跑者」。

第一節　後發優勢：具有中國特色的國防科技工業發展策略

儘管中共自建政初期以來就從未放棄國防科技工業發展之路，惟產業運作模式卻是在1980年代後經濟體制確定轉向社會主義市場經濟，甚至是到了2001年加入世界貿易組織（World Trade Organization, WTO），國家經濟、產業與國際接軌，才轉向探索另一條有別於計畫管制經濟體制時期之發展模式。對於中共而言，因爲產業結構改革轉型的起步時間晚、過程久，進而能有充分時間檢視世界上主要的軍工產業大國發展經驗，截長補短，占盡後發優勢。事實上，「具有中國特色的國防科技工業」一詞也是首見於鄧小平推進國防科技工業改革發展戰略思想，其內涵是「軍民結合、寓軍於民、大力協同、自主創新」十六字方針，目的是爲了建立和完善社會主義市場經濟體制改革，以及打贏高技術條件下局部戰爭的需要。此外，伴隨內外發展和安全環境改變，江澤民主政時期，提出「軍民結合、寓軍於民」、「兩頭兼顧、協調發展」，以及「提高軍民相容程度」等理念；胡錦濤主政時期亦著重國防科技工業的全面、協調、可持續發展。中共十八大後，習近平更進一步地致力於形成全要素、多領域、高效益的軍民融合深度發展格局。

眾多跡象顯示，中國大陸國防科技工業在國家政治、經濟、社會層面以及獨特的黨國體制黨政軍結構已具有舉足輕重的作用。國防科技工業是保障國家安全的戰略力量之一，也是實現中共國防現代化、國家軍事戰略、保證國家軍事實力與軍事優勢最重要之科技與工業基礎。除此之外，中國大陸國防科技工業也是促進國民經濟發展的戰略性產業，更是帶動國家科技進步之動力。因此，當中共設法將深化軍民融合轉化爲國防科技工業之主要特色，其發展策略將著重於軍工企業所有制、治理和管理制度、監察和監督等作爲，以下提出綜合說明。

壹、國防科技工業領域所有制改革

從中共目前公布之軍民融合國防科技工業發展政策要求可知，國有軍工企業將持續釋出更多軍品研發設計、生產項目，同時也會更積極地激勵、允許各種非國有制經濟體有條件地進入國防科技工業市場。國防科技工業體制的所有制未來將形成以國有制經濟爲主導，以及國家所有制經濟、集體所有制經濟和包括獨資企業、有限責任公司、股份有限公司、股份合作制企業、合夥制企業、職工持股會等私營企業在內之多種所有制類型、體制共存局面。

依據中國大陸官方媒體《新華社》報導指出，國有軍工集團整體資產證券化率僅爲25.37%，各大軍工集團中的科研院所也大多沒有上市，顯示中共在管理社會資本投入軍工企業股份制改革方面尙有持續改善空間。中共亦認爲要能營造社會資本公平、高效之投資環境，必須建立軍工獨立董事制度，也要鼓勵符合條件之軍工企業上市，或將軍工資產投注上市公司。在具體作法方面，中共正在推動軍工企業混合所有制改革，並且開放社會資本參與涉及國家戰略安全和核心機密以外之軍工領域。中共也完成軍工企業股份制改造分類指導目錄修訂，劃分軍工企業國有獨資、國有絕對控股、國有相對控股、國有參股等控制類別，建立符合國情之管理股制度。另一方面也設立國家國防科技工業軍民融合產業投資基金，以國家出資引導、社會資本參與模式進行軍工企業改制重組，促進軍轉民、民參軍，以及軍工高技術產業發展。

此外，在現行國防科技工業運作體制下，國有軍工企業主要是第一類武器裝備承製單位，由於生產裝備之總體、關鍵、重要分系統和核心配套產品之獨特性，較不易完全遵循市場經濟規律運作，亦因如此，建立完善周延的監管規範、激勵制度，並且進行公司結構改革，達到最大的經濟利益目標，成爲這類型企業最重要的經營定位。在第二類、第三類武器裝備承製單位部分，由於多半屬於承製軍隊專用裝備和一般配套產品，以及軍選民用產品，其所有制性質大多屬於非國有制形式之軍工企業，爲了能夠確保這類型企業按照市場經濟規律運作，自主經營、自負盈虧，中共也會將這些股份制企業納入有效管理規範對象。

貳、國防科技工業軍工企業制度

在軍民融合戰略要求下，中國大陸國有軍工企業和私營企業、事業共同成爲國家國防科技工業健全運作之基礎。因此，除了在體系內能夠融入多種所有制外，軍工企業制度規範也成爲維繫產業重點。其中，在政企分開原則下，要求參與國防科技工業之企業集團、有限公司等單位的產權清楚，釐清各分工部門權責關係，並且導入管理科學進行軍工企（事）業治理，也成爲現代軍工企業制度重要看點。

爲了能夠讓國防科技工業在市場上更具競爭力，中共在改革國防科技工業體系中，也關注建立和完善軍工企業「委託——代理」關係之法人治理制度。其中，包括企業內黨委會、職代會、工會和出資的股東所有權，以及董事會、監事會、經理人之法人財產權、監督權、代理權之間各司其職的相互制衡與權責關係等，將決定未來國防科技工業體系中各型軍工企業經營方、勞動方和資助方之協調均衡運作。

在軍工企業經營管理層面，涵蓋人事、研發、生產、品質、供應、銷售等方面進行科學化管理。在前述各章節的討論中，可知中共爲了讓國防科技工業成爲國家防務安全基石，並且支持戰略性新興產業發展，必須健全和完善各項法規制度。軍地雙方軍工企業無論是激勵或約束、協調或決策，皆要採用現代管理方法和策略，降低企業成本，並且增進單位內人事、財務、設備等方面效能。

參、國防科技工業軍民融合深度發展

主要是以中國大陸國務院辦公廳2017年12月印發之《關於推動國防科技工業軍民融合深度發展的意見》爲依據，除了堅持國家主導、需求引導、市場運作原則，加速形成全要素、多領域、高效益軍民融合深度發展格局外，尚須注重軍民兩用技術產業化、軍民資源互通共享領域，以及相關部門和地方政府作用之均衡共進關係，進而促進軍工集團公司、軍隊科研單位，以及中國科學院、高等院校、私營企業之間聯繫合作。除了上述目標原則外，參照該份文件內容，也明訂有關推動國防科技工業軍民融合深度發展之六大面向具體政策措施，反映出中國大陸國防科技工業之未來發展取向和主軸：

第一，持續擴大軍工領域，增進國有軍工集團企業對外合作與接軌，也積極引導優勢私營企業、優質社會資源加入國防科技工業體系，促使軍工企業展開股份制改造，軍品科研產製能力和結構調整更加健全。

第二，科技創新仍爲提升國防科技工業產業效能關鍵。中共持續推動軍民資源共享與協同創新。對於軍民雙方能夠共享之科技創新基地、設備、試驗設施，以及技術基礎資源皆以雙向開放、統籌使用爲出發點，避免資源浪費、重複投資，降低成本。

第三，軍民兩用技術轉移具有發揮國防科技工業產業效能之重要作用，惟其中涉及包括軍民雙方智慧產權保障、國防科技保密安全機制，以及國防科技成果管理制度等軍民融合法規政策體系，亦將決定軍地軍工企業形成支撐關係。

第四，國防科技工業未來將著重太空、網路空間，以及海洋等重點領域建設。

第五，持續落實國防科技工業必須服務國民經濟發展理念。因此，一方面會持續推動軍民融合產業發展，另一方面也會增加軍民融合產業集群、科技產業基地、創新基地建設，提升軍工高技術能力和產業增長，並且帶動相關產業發展。

第六，國防科技工業亦須反映於推進武器裝備動員與核應急安全建設，強化武器裝備動員工作。其內涵亦可對應於中共未來在促進國防科技和武器裝備、軍隊人才培養、軍隊保障社會化、國防動員這四大領域之軍民融合力度，提升軍民融合層次。

軍民融合式國防科技工業發展涉及產業結構、技術、資本、人才等多個層面，一方面是構成武器裝備科研產製體系重要基礎，是國防經濟體系中不可或缺之重要組成部分，另一方面更與國家國民經濟發展有著密切關聯作用。中共統籌軍民兩大產業、兩個市場、兩種技術、兩種管理之融合互動，要在黨國體制下形塑出適合國情條件之國防科技工業發展策略。

第二節　滿足國防建設需求

中國大陸國防科技產業和高科技產業都以科技發展爲核心，並且同屬國家戰略性產業，對經濟增長至關重要，惟前者應用在防務建設方面，更與軍力建設與國家安全事務密切相關。檢視解放軍軍力現代化過程，多半是以1964至1970年成功實現「兩彈一星」目標，以及1990年代啓動之新軍事變革爲軍力質量、數量轉變之重要節點。至習近平主政後，高科技和信息化環境對軍隊建設的影響並未有太大改變，惟中國大陸綜合國力隨著經濟實力增長以及國家海外利益的增加，正不斷對軍事力量向外擴張、具備海外行動能力提出更多需求，也成爲當前「強軍興軍」、「富國強軍」、「科技強軍」等許多軍隊建設之理由。然而，要實現強軍目標必須含納國防科技和武器裝備自主創新思維，國防科技工業自然成爲推升軍力要角，這也是儘管中共自2015年開始推動自解放軍建軍以來變動幅度最大的深化國防和軍隊改革，軍隊員額裁減後，戰鬥力不減反增的主要原因。

解放軍在此次軍改中，將國防和軍隊現代化建設定位在由大轉強，無論是要實現「兩個一百年」目標，或是實踐新的「三步走」國防和軍隊建設戰略安排，國防科技工業不僅是戰略需要，更是目標支撐，關鍵則是在科技創新。基此，中共除了強調深化軍民融合戰略，更在武器裝備研製進程中，避免因不識變、不應變、不求變而陷入戰略被動、錯失發展機遇，並且持續強化國防建設質量、促進軍隊運作效率與功能，積極搶占未來軍事競爭之戰略制高點。

壹、國防科技和武器裝備建設創新思維

堅持向科技創新要戰鬥力，爲解放軍軍隊建設提供強大科技支撐。這句在習近平出席中國大陸第十二屆全國人民代表大會第五次會議解放軍代表團全體會議時所說的話，同時點出國防科技工業和國防建設的關聯性最終必須反映在「能打勝仗」。因此，要能打贏未來信息化戰爭，必須在軍隊武器裝備建設戰略規劃內容加入先進武器裝備創新發展元素，其中包括戰略規劃與管理必須迎合未來戰爭型態和戰場準備，藉國家整體綜合國力提升和科學技術進步來確保國防科技創新發展能夠轉化於武器裝備戰鬥力生成。中共利用國家實行社會主義政治制度特性，借助軍地雙方科技創新技術優勢和軍民融合潛在能量，將先進武器裝備列爲國家和軍隊建設共同項目，以滿足國防和軍隊建設多樣化需求。綜觀發展態勢，重點包括：

第一，加速科技創新的動力來自於軍民兩用技術的雙向互動。無論是開發或利用高端民用科技作爲軍事用途，或是轉移軍用科技於國家工業、製造業等相關產業發展，其輻射與帶動的作用，有助於國防創新科技之再升級。2016年7月，中國大陸國防科技工業局公布《關於加快推進國防科技工業科技協同創新的意見》及實施方案，其內容即提到要按照建立「小核心、大協作、專業化、開放型」武器裝備科研生產體系的要求構建國防科研體系。其具體作法也包括要設立國防領域國家實驗室、打造國防科技工業創新中心，以及組建國防關鍵技術創新策略聯盟，中共力求藉此從軍工大國轉變爲軍工強國。

第二，中國大陸十一大國有軍工企業仍爲創新國防科技和提升武器裝備質量主要力量。在本研究中，可以歸納國防科技工業發展的根基包括資源、資金和人才，其中涉及六大領域之十一大軍工企業歷經1950年代國防科技工業基礎體系創建、1960至1970年代「三線建設」發展，以及1980年代後各企業集團相繼改組轉型，包括航空、航天、核子、兵器、船舶、電子信息工業體系，以及常規武器工業、新材料工業等大型科研機構、國家

重點實驗室、軍工大專院校皆已累積豐厚的科技開發攻關能力、加工製造能力、系統組織管理能力，尤其是在國防科技高端技術研究方面，更有優於私營軍工企（事）業之技術基礎和創新能力。以中國大陸國務院2006年2月頒布之《國家中長期科學和技術發展規劃綱要》爲例，從能源到國防建設項目中，皆可發現國有軍工企業參與和引領技術創新之投入。當前，中國大陸正著力於大飛機製造、載人航天與探月工程，以及大型先進壓水堆及高溫氣冷堆核電站等國家重大專項工程和戰略性新興產業建設，抑或是應用於武器裝備創新領域之雲計算、大數據、網路通信與交換技術、電力技術、材料工程等硬體、韌體高科技武器研製，是中共部署國防科技創新基礎和技術保障關注之領域。

貳、國防科技裝備自主發展

自主的國防科技是武器裝備發展關鍵，也是軍事變革的強大動力。本研究發現中共在陸、海、空、天、電，以及核子工程六大領域的國防科技發展，皆已具備自主運作能力，只是在軍民融合戰略要求下，尙須持續周延相關配套作法。因此，這些國防科技自主能力基礎，確實對解放軍軍力現代化具有極爲正面助益。另一方面，在第11次軍改期間，隨著各軍、兵種部隊重整、新式武器裝備列裝服役，更可窺見中共傾全國之力提升國防科技自主能力之意圖、作法極爲明確。例如：陸軍部隊爲適應「全域機動、立體攻防」作戰要求，持續聚焦主戰坦克、輪式戰車、直升機，以及精確打擊裝備發展。海軍則是以具有實現遠洋海軍之航母、驅逐艦、護衛艦、綜合補給艦、潛艇等產業鏈建置。空軍則是以第五代戰機、無人機爲發展主軸，隨著J-20等系列機型持續量產，亦打開軍機製造產業市場。此外，航天、導彈技術不僅做爲火箭軍建設基礎，更能提供其他軍種裝備建設需求，亦具備軍轉民技術特色。檢視軍民融合式的國防科技武器裝備自主發展藍圖，包括：新材料、無人機、船舶、航空、航天、衛星通信、高精度導航等軍隊信息化、軍工高端技術配套等自主可控方面是未來亟需持續關注的領域，分述如下：

第一，在精確打擊武器裝備方面，主要是指常規洲際導彈研製。由於這類型武器能夠由本土作爲遠程、高速、精確打擊目標對象或嚇阻對方採取不利於我方之威脅舉動，屬於常規嚇阻軍事力量，包括中國大陸在內受到各國高度關注之作戰平臺武器，也必定是國防科技工業支持的重要發展項目。

第二，在無人化作戰平臺發展方面，應用於各空間領域之無人化裝備也是因應未來戰爭型態改變必須及早搶占發展優位之重要武器裝備。尤其無人化作戰平臺在聯合作戰體系中的角色功能無可取代，中共勢必更加注重無人化作戰平臺應用，以及各式無人化裝備在程式編程語言、硬體相容、數據鏈技術規範和平臺間互聯互通之銜接技術研發和準則制定。

第三，在隱形與反隱形技術發展方面，中共除了持續針對紅外線、聲頻、視頻，以及雷達偵測特定訊號之控制進行研究外，在量子雷達反隱形技術方面的突破更受到各方關注。儘管這項技術的發展仍在起步階段，距離投入應用的目標尚遠，惟從公開資料中已能看見包括2016年8月，中國大陸發射首顆量子科學實驗衛星「墨子號」，以及負責從事微波通信、能源電子產品項目之中國電子科技集團有限公司第十四研究所投入量子雷達系統研製技術等事例而論，亦將成爲國防科技應用於武器裝備之重點。

第四，在太空和虛擬空間裝備技術方面，包括有助於聯合作戰通信聯繫之衛星遙測、通信、導航、定位等技術開發應用、將超音速燃燒衝壓發動機（supersonic combustion ramjet）技術應用於高超音速巡弋飛彈（Hypersonic Cruise Missile, HCM）、高超音速滑翔飛行器（Hypersonic Glide Vehicle, HGV），以及雷射武器、微波武器、粒子束武器、資訊網路偵察、攻擊、防禦武器等等，皆是國防科技應用於未來戰場上新概念武器裝備之研發趨勢。

中共藉由提升軍工製造業信息化程度，用以支撐國防科技工業和軍事需求。因此，國防科技技術發展仍是以軍民融合相關政策爲主導，開發、利用民用高端技術，強化資訊技術、軍工製造技術用於軍用武器裝備等軍品設計、工藝、測試、後勤保障、高效環保等方面，滿足軍事需求。

參、國防科技人才養成

古籍《管子》一書收錄春秋時代管仲和齊桓公對於治國理念的對話提到：「選天下之豪傑，致天下之精材，來天下之良工，則有戰勝之器矣」。以這段話形容中共對國防科技人才的迫切渴求，並且在覓才後還要能夠養才、留才，皆成爲國防科技工業滿足國防需求方面必要之舉。如同前述，科技自主和創新已被中共視爲未來發展國防科技工業和軍工先進生產力之重要途徑。然而，無論是自主能力或是創新思維，人才仍然是必要的投資。事實上在本研究中可以發現，隨著解放軍武器裝備和新一代軍事力量快速發展，人才匱乏問題愈來愈突出，國防科技人才在吸引、培養、保留、使用過程中一直存在流失率過高的問題，而在過去對人力資本投資不足的問題，也成爲制約中國大陸國防科技工業自主創新能力提升之主要限制因素。這些問題亟需在產業改革過程中納入解決。

從政策宣傳角度而論，習近平主政以來延續著中共領導人對國防科技人才重視之路線，仍然在各種公開場合中疾呼人才養成的重要性。例如：2015年3月，習近平出席第十二屆全國人民代表大會第三次會議上海代表團時曾提到：「人才是創新的根基，創新驅動實質上是人才驅動」、「要擇天下英才而用之，實施更加積極的創新人才引進政策」；2016年3月，習近平出席第十二屆全國人民代表大會第四次會議解放軍代表團全體會議時亦提到要「加緊集聚大批高端人才，是推動解放軍改革創新當務之急」。中共已意識到掌握人才優勢就等於掌握軍事對抗的戰略優勢，甚至掌握決定戰爭勝負命脈的關聯性。因此，缺乏國防科技人才，等於喪失建立高科技素養和軍事技能先機，亦缺乏適合人力操作武器裝備，更不可能達到「能打仗」、「打勝仗」要求。

中國大陸國防科技人才培養計畫之範疇包括人才養成之整體規模、專業結構、技術標準要求以及教育訓練的時間、地點、方法。從培訓管道而論，亦可區分正規院校教育、在職教育兩大類別。前者是指由中共中央軍委裝備發展部、訓練管理部，以及解放軍軍隊直接管理之軍工技術院校，亦即由軍方院校作爲國防科技人才之主要培養基地。其次，各地方高等院校也逐漸成爲國防科技人才招募的主要來源。例如：哈爾濱工業大學、哈爾濱工程大學、北京航空航天大學、北京理工大學等與國防科技工業相關之中共中央部委所屬高等院校之畢業生，由政府透過計畫分配或透過招聘程序，進入國防科技工業領域工作。後者則是指已受過高等教育，具有一定專業知識或技能之科技人員，在派任前進行之職前技術培訓，或是爲持續提高科技人員本職學能所進行之在職專業教育訓練。這種持續性的工程教育，對在職科技人員的知識累積、增進亦有正面助益。

能夠吸引和聚集優秀人才進入國防科技工業領域是當前的重點工作，無論是自訓或是外引，人才培養攸關國防科技評估工作之全領域和長遠發展。中共亟於吸收不同專業領域之人才參與國防科技工作，目的在建立健全的國防科技人才以及培訓體系，穩定產業內之國防科技人才隊伍，採取有效措施。

第三節　填補經濟內需轉型

國防科技工業橫跨多種行業，和經濟發展的關係更是密切，眾多重要的科技成果皆得益於軍工產業以及以國防建設爲目的之生產和研發。尤其是中國大陸在政治經濟制度改革轉型後已成爲典型後極權資本主義發展國家，經濟體制和產業結構已不再適用計畫經濟制度，各行業調適問題不僅關係著國家經濟實力持續增長，更攸關中共政權穩定。其中，國防科技工業同時具有國防、經濟兩種功用，具有中共在適應全球經濟環境和國家經濟建設之先進生產力特性，只要技術領先、產業規模大，就會成爲產業龍頭，形成引導效應。以十一大國有軍工企業爲例，不僅帶動上下游產業部門擴張，直接影響國家重工業發展，其技術密集的科技溢出效應，更象徵著國家技術能力和科技水準。

當前中共要求國防科技工業體系必須深化軍民融合發展模式，透過軍轉民、民參軍作法，促進軍地雙向互動關係，一方面透過混合體制改革，激發軍工企（事）業活力，加速軍工產業發展；另一方面也導入民用剩餘生產力，彌補軍工武器裝備產能不足，提高效率。中共結合強軍與富國戰略，活絡國防科技工業軍民領域，同步提升高新科技與生產製造能力，既強化武器裝備效能，也填補了經濟內需轉型動能。

壹、國防科技工業之社會經濟效益

「新形勢」和「經濟新常態」是習近平主政以來共產黨在治國理政、處理黨軍關係常用的局勢條件形容詞。對中共而言，以強大的國防力量作為國家新形勢之安全後盾、以穩定增長的經濟實力作為實現小康社會目標的根基，是處理兩者關係之優先考量。因此，國防和經濟建設是中共落實具有中國特色社會主義制度之兩大支柱，缺一不可。其中，國防建設對國家社會經濟具有保障和促進作用；國家社會經濟則是國防建設之經濟基礎，亦是達到國防現代化目標的關鍵，兩者相輔相成。因此，檢視從毛澤東至習近平歷代領導人，皆設法處理好大砲和黃油之間的關係，讓國防建設可以服務於社會經濟建設。另一方面，當社會經濟繁榮增長，自然也能提供國防建設充分的支持和保障。這也是本研究提到無論是強軍富國，還是富國強軍，國防科技工業都扮演了重要角色。

從社會經濟發展面向檢視國防科技工業，重視軍民、軍地關係，從軍民結合到軍民融合，皆顯示私營軍工企（事）業單位在產業結構中始終存在。例如：在1951年中共建政初期成立的中共中央兵工委員會就明定兵工企業要貫徹與民品結合的原則，並且由該委員會統籌管理國防軍工企業軍品和民品之生產。只是在當時一切皆以軍事為優先考量，民用工業難以滿足社會消費需求，除了由軍工企業分擔部分責任外，對社會經濟增長並無太大助益。扭轉此一格局的轉捩點仍是在1980年代的軍工企業改革轉型，並且開始在服務軍隊建設之外，亦著重將生產能力投向民品生產，國防科技工業開始對社會經濟發展有了實質性的貢獻。直到現在，無論中共如何改革國有軍工企業集團，激勵私營軍工企業參與國防科技工業，其設想皆未改變藉發展國防科技之舉，行經濟增長之實之「一份投入，多重產出」設想。尤其是在平時，軍工企業更被要求必須將部分生產能力轉用於民品產製。

反饋國防科技工業存在的必要性，對於任何一個國家而言，無不重視按照其國情環境建立屬於本國自主之國防科技工業。基此，這項產業一方面鑲嵌於社經濟體系，另一方面亦須以戰時需求爲考量建立符合國家戰略利益之國防科技工業體系與管理體制。中國大陸國防科技工業強調軍民兼容、平戰結合，在本研究中更是從軍民兩用技術之通用性，突顯中共如何藉此特性兼顧軍品、民品研製。在這段產業體系的變革歷程中，吾人可見在1990年代，約有40%的軍工企業已經發展出特色產品，民品產值已占總產值的70%以上，從軍需經理裝備至主力武器裝備，兩套生產技術和生產設備已開啓國防科技工業產品多樣化局面。再進一步結合現況，檢視在中國大陸全軍武器裝備採購資訊網上公布之「2017年共用技術和領域基金指南」蘊含1,000餘條項目指南、2,000餘個就業機會，60億人民幣的產品訂單，皆可印證國防科技工業帶來的社會經濟效益。

中國大陸國防科技工業體系成形於特別的歷史環境條件，由於門類多、布局分散，且同時負有軍民用產品產製功能，具有多元化特色。此外，受到中國大陸沿海、內陸各地方發展條件相異因素影響，產業體系結合地方經濟發展，也決定了交錯綜合的供需關係格局。

貳、國防科技工業對製造強國的支持

國防科技工業對國家社會經濟發展的支持，具體展現在以新材料、新能源、新生物產品、新型高端裝備製造等戰略性新興產業，以及以促進中國大陸航天航空、海洋工程，以及高技術船舶等類別製造業創新發展爲核心之「中國製造2025」戰略。其中，產品創新和技術方面的智能化、信息化、網路化應用皆受到上述三大類型產業共同關注，並且是中共在因應國家經濟發展自高速增長轉向高質量發展，以及國家製造業必須突破大而不強格局，同時面對也必須進行產業鏈、供應鏈轉型升級之重要環節。因此，國防科技工業作爲國家科技和製造方面重點產業，必須對中共欲完善製造業技術創新體系、強化製造基礎、提升產品質量、推行綠色製造，創新驅動、質量效益競爭優勢、綠色製造、服務型製造，達到能夠滿足經濟社會發展和國防建設對重大技術裝備需求目標形成支撐力。

從實際的發展成果可見，中共一方面發展國防科技工業，確保武器裝備研發產製目標有效達成，另一方面也結合國家戰略性新興產業相關政策，從科技開發、成果轉化、技術改良、資金投入等方面予以支持，促進傳統產業升級轉型，提升軍民用產品品質。

以高階數控機床產業爲例，數控機床不僅是製造各式武器裝備必備的戰略裝備，是實現國防軍工產業現代化的指標項目，其製品生產種類和能力亦反映出國家技術水準，同樣是檢視製造業升級之關鍵指標。中國大陸的機床產業規模雖居世界首位，仍是以中低端爲主。爲了能夠同時發揮國防和經濟建設兩種效能，中共正積極推進數控機床產業，設法獲得生產製造技術大幅精進。此外，在「中國製造2025」核心項目中，亦可見機器人和工業互聯網項目，由此亦可見傳統製造業循著數位化、智能化發展路徑持續升級，其產業結構皆有國防科技工業項目參與其中。

屬於七大戰略性新興產業之一的航空航天裝備、無人機等高端裝備製造業又爲另一例。航空航天不僅是國防科技工業的重要指標性產業，受到軍方高度重視，更對國家航天產業升級和經濟增長有著正向效益。例如：隨著運載火箭成功研製發射，代表應用衛星服務的規模、範疇同步增加。可見航天裝備項目不僅只作爲軍事用途，中共同時也制定了多項航天發展計畫，積極地向業務化應用尋求技術突破，對於處於產業轉型發展的中國大陸而言格外重要。

海洋工程裝備及高技術船舶發展也是一例。無論是海軍要實現近海防禦，遠海護衛軍事戰略，或是要實現開發、利用、保護海洋資源、權益等海洋強國建設目標，中共在推動海洋工程裝備、高技術船舶發展，以及船舶工業結構調整轉型升級等造船產業方面亦以國家之力進行改革。除了中國大陸工業和信息化部於2014年制定《海洋工程裝備行業規範條件》，加強海洋工程裝備行業管理、培育戰略性新興產業外，就當前「中國船舶工業集團有限公司」、「中國船舶重工集團有限公司」之造船產能混合改革爲例，即突顯中共意圖藉此支撐高端船舶裝備發展，兼顧海軍裝備建設以及民用船舶製造競爭力，布局艦船設計、建造之全船舶產業鏈。

中共深知國防科技能力的強弱、水準的高低直接影響國家的國際競爭力，其中，高端技術工業群更是獲取經濟優勢之關鍵。因此，以創新科技、推動科技、發展科技為核心，將國防科技工業對國防建設的效益，向外擴散輻射至屬於戰略性新興產業和傳統製造業升級轉型之經濟建設領域，成為中共持續提高國家綜合實力之戰略選擇。

參、國防科技工業和經濟產業建設之均衡發展

國防科技和經濟產業分別掌管了國家強軍和富國的鑰匙，並且取決於國防科技工業和經濟產業建設的均衡關係。在「中國夢」、「強軍夢」導引下，中共積極推動經濟建設、國防建設雙贏共進，推動生產力、戰鬥力互動發展。因此，加速國防科技工業領域改革轉型，建立先進的國防科技工業，向戰略新興產業拓展深化軍轉民、民參軍兩者良性互動協調聯繫，形成共贏效果。基此，國防科技工業未來仍有許多待完善改革之處，其功能定位和作用會體現在：

第一，基底作用：在國防和軍隊現代化核心軍事能力建設方面紮下堅實基礎。

第二，骨幹作用：在武器裝備科研生產建設方面成為中堅力量。

第三，樞紐作用：在裝備製造業、國家工業技術、高新科技等方面提供關鍵支援。

第四，領導作用：在國防和軍事建設，以及國家科技體系發展方面具備創新動能。

第五，服務作用：在國民經濟、社會發展需要方面產生軍民融合支持力量。

當前在中國大陸以國防科技工業和戰略性新興產業等軍民融合發展為名義的產業集群建設愈來愈蓬勃。無論是以新一代信息技術、新材料、空氣動力等高新技術產業為特色之綿陽科技城；在深圳、廣州、長沙、天津、濟南建立的國家超級計算中心；以IT資訊與商務服務為主要業務的中關村科技園區等等，皆是檢視結合軍地科技資源共享、軍民兩用技術和軍

民融合創新工作之例證。中共欲以科技強軍興國，國防科技工業在蛻變和發展逾六十年歷程中扮演著舉足輕重角色，不僅爲軍事服務、爲提高戰鬥力服務，更爲經濟服務、爲增進生產力服務，是中共實現富國強軍目標的戰略選擇。

結語

中國大陸國力軍力今非昔比，國防科技工業除了在解放軍武器裝備方面展現研製成果外，在航天航空科技、深海探測等民用科技方面也有諸多貢獻。然而在這些實際進展之外，也反映出中國大陸國家利益、安全憂患已經超越國境，對國家軍事能力和經濟發展發出更多警訊和需求。因此，這項產業未來在適應國家防務、經濟、安全環境條件時從事的每一項改革與轉型，都將牽動著國家和國際事務的穩定秩序。然而，一個國家軍力或國力的強弱，絕不能以坦克、船艦、火砲等武器裝備的數量和性能妄下評斷，而必須從戰略方針、指揮體制、戰術戰法、精神素質、科技工業、經濟實力、產業基礎等多個層面進行綜合評估。從各種公開資料中檢視上述指標可見，若仍將中國大陸軍力國力的進步視爲大幅落後歐美工業強國，莫非是昧於現實。但是若以爲中國大陸軍力國力已經超英趕美，後發先至，又未免掉入狹隘自誇的困境。因此，能夠以寬廣、包容的態度，對相關議題進行客觀、正確的思考研究，才能看見中國大陸軍力國力發展眞實面貌。

本研究只能算是在眾多中國大陸研究中的滄海一粟。儘管如此，仍然認爲中國大陸軍事變革和政經局勢對於臺灣而言，是個無法迴避的國家安全議題，且必須掌握、分析最新的發展。臺灣自1949年與中國大陸隔海分治以來，基於歷史情結因素與兩岸關係發展，使得對中國大陸各方面研究的重要性更甚於世界上任何一個國家。基於學術研究之責任，本書所要強調的仍然是從國防科技和產業經濟面向去探討近年來中國大陸軍力、國力發展變化的根本原因和影響變數，並且在中國大陸和解放軍軍事研究之基礎上提出客觀、符合邏輯的分析，繼續累積研究成果，這也是在掌握解放軍軍力變化之外，另一項值得投入的研究取向。

參考文獻

壹、中文部分

一、專書

《三線建設》編寫組，1991。《三線建設》。北京市：國務院三線建設調整改造規劃辦公室。

《中國軍轉民大事記》編寫組編，1999。《中國軍轉民大事記1978-1998》。北京市：國防工業出版社。

《習近平中國夢重要論述學習問答》編寫組編，2014。《習近平中國夢重要論述學習問答》。北京市：黨建讀物出版社。

《當代中國的國防科技事業》編輯委員會編，2009。《當代中國的國防科技事業（上）》。北京市：當代中國出版社。

人民日報社理論部編，2015。《人民日報理論著述年編2014》。北京市：人民日報出版社。

于川信編，2008。《軍民融合式發展理論研究》。北京市：軍事科學出版社。

于川信編，2014。《軍民融合戰略發展論》。北京市：軍事科學出版社。

中央軍委裝備發展部，2017。《裝備承製單位知識產權管理要求》。北京市：國家軍用標準出版發行部。

中共中央文獻研究室編，2009。《十七大以來重要文獻選編（上）》。北京市：中央文獻出版社。

中共中央文獻研究室編，2016。《十八大以來重要文獻選編（中）》。北京市：中央文獻出版社。

中共中央宣傳部編，2014。《習近平總書記系列重要講話讀本》。北京市：學習出版社。

中共中央編寫組編，2016。《中華人民共和國國民經濟和社會發展第十三個五年規劃綱要》。北京市：人民出版社。

中國人民解放軍總政治部編，2014。《習近平關於國防和軍隊建設重要論述選編》。北京市：解放軍出版社。

中國石油與化學工業協會編，2008。《化學工業生產統計指標計算方法》。北京市：化學工業出版社。

中國社會科學院數量經濟與技術經濟研究所編，2016。《產業中國2016》。北京市：經濟日報出版社。
中國空軍百科全書編審委員會，2005。《中國空軍百科全書（上）》。北京市：航空工業出版社。
中國科技發展戰略研究小組編，2005。《中國科技發展研究報告2004-2005》。北京市：知識產權出版社。
中國國防科技信息中心編，2015。《世界武器裝備與軍事技術年度發展報告2014》。北京市：國防工業出版社。
中華人民共和國科學技術部編，2008。《中國科學技術發展報告2006》。北京市：科學技術文獻出版社。
中華人民共和國科學技術部編，2014。《中國科學技術發展報告2012》。北京市：科學技術文獻出版社。
中華人民共和國國務院新聞辦公室編，2004。《2004年中國的國防》。北京市：新星出版社。
方家喜，2013。《新興產業金融大戰略：中國經濟的下一個支點》。北京市：經濟管理出版社。
毛元佑、梁雪美，2015。《當代軍事和國防知識讀本》。北京市：中國書籍出版社。
毛澤東，1991。《毛澤東選集第二卷》。北京市：人民出版社。
王仰正、趙燕、牧阿珍，2014。《俄羅斯社會與文化問答》。上海市：上海外語教育出版社。
王克穩，2012。《經濟行政法專題研究》。臺北市：元照出版公司。
王利勇編，2014。《軍事裝備研究》。北京市：國防大學出版社。
王法安編，2013。《中國和平發展中的強軍戰略》。北京市：解放軍出版社。
王泰平，1996。《鄧小平外交思想研究論文集》。北京市：世界知識出版社。
王祥山編，2015。《實戰化的科學評估》。北京市：解放軍出版社。
王進發，2008。《富國和強軍新方略》。北京市：國防大學出版社。
王瑋敦編，2014。《解析強軍夢：強軍目標十五講》。濟南：黃河出版社。
王壽林，2015。《黨的創新理論研究文集：政治理論卷》。北京市：藍天出版社。
王磊、呂彬、程亨、張代平，2016。《美軍武器裝備信息化建設管理與改革》。北京市：國防工業出版社。
王燕梅，2015。《裝備製造產業現狀與發展前景》。廣州：廣東經濟出版社。
王懷安、顧明、祝銘山、孫琬鐘、唐德華、喬曉陽編，2000。《中華人民共和國法律全書》。長春：吉林人民出版社。
世界國防科技工業概覽編委會編，2012。《世界國防科技工業概覽》。北京市：航空工業出版社。
古越，2015。《鄧小平兵法》。北京市：團結出版社。
本書編寫組，2006。《〈國民經濟和社會發展第十一個五年規劃綱要〉學習輔導》。北京市：中共中央黨校出版社。
甘士明編，2008。《中國鄉鎮企業30年：1978-2008》。北京市：中國農業出版社。
白萬綱，2010。《軍工企業：戰略、管控與發展》。北京市：中國社會出版社。
全林遠、趙周賢編，2008。《波瀾壯闊的歷史畫卷：改革開放30年輝煌成就掃描》。北京市：國防大學出版社。
全國教育科學規劃領導小組辦公室編，2008。《全國教育科學「十五」規劃學科發展報告》。北京市：教育科學出版社。
全國幹部培訓教材編審指導委員會組織編，2015。《加快推進國防和軍隊現代化》。北京市：人民出版社。
全國幹部培訓教材編審指導委員會組織編，2015。《堅持和發展中國特色社會主義》。北京市：黨建讀物出版社。
向洪、鄧洪平，1995。《鄧小平思想研究大辭典》。成都：四川人民出版社。
曲令泉，2013。《藍色呼喚》。北京市：海潮出版社。
江澤民，2001。《論科學技術》。北京市：中央文獻出版社。
江澤民，2006。《江澤民文選第1卷》。北京市：人民出版社。
何東昌編，2010。《中華人民共和國重要教育文獻：2003-2008》。北京市：新世界出版社。
吳安家，1978。《中共史學新探》。臺北市：幼獅文化事業公司。
吳敬璉、厲以寧，2016。《供給側改革：經濟轉型重塑中國佈局》。北京市：中國文史出版社。
吳維海，2015。《政府規劃編制指南》。北京市：中國金融出版社。
吳遠平、趙新力、趙俊傑，2006。《新中國國防科技體系的形成與發展研究》。北京市：國防工業出版社。
呂政，2001。《論中國工業增長與結構調整》。北京市：經濟科學出版社。
呂彬、李曉松、姬鵬宏，2015。《西方國家軍民融合發展道路研究》。北京市：國防工業出版社。
宋大偉，2015。《中國經濟社會發展研究》。北京市：中國言實出版社。
李升泉、李志輝編，2015。《說說國防和軍隊改革新趨勢》。北京市：長征出版社。
李月來、程建軍編，2013。《黨在新形勢下的強軍目標學習讀本》。瀋陽：白山出版社。

李永新編，2013。《公共基礎知識2014最新版》。北京市：人民日報出版社。
李宗植、呂立志編，2009。《國防科技動員教程》。哈爾濱：哈爾濱工程大學出版社。
李東編，2012。《國防工業經濟學》。哈爾濱：哈爾濱工程大學出版社。
李炎、王進發，2009。《軍民融合大戰略》。北京市：國防大學出版社。
李悅編，2015。《產業經濟學》。遼寧：東北財經大學出版社。
李彩華，2004。《三線建設研究》。長春：吉林大學出版社。
李清娟編，2016。《2016中國產業發展報告：互聯網+》。上海市：上海人民出版社。
李雪紅編，2015。《大國爭鋒：中國軍事專家透視世界軍情》。北京市：中國青年出版社。
李景田主編，2011。《中國共產黨歷史大辭典：1921-2011》。北京市：中共中央黨校出版社。
李鳳亮編，2016。《中國特色新型智庫建設研究》。北京市：中國經濟出版社。
李德義，2011。《當代軍事理論與實踐的思考》。北京市：軍事科學出版社。
李錫炎編，2000。《現代戰略學研究》。成都：四川人民出版社。
李靈主編，2014。《關注全面深化改革熱點：專家學者十二人談》。北京市：中共黨史出版社。
汪亞衛編，2002。《國防科技名詞大典（綜合）》。北京市：航空工業出版社。
汪曉春編，2015。《新材料產業現狀與發展前景》。廣州：廣東經濟出版社。
沈志華編，2007。《中蘇關係史綱：1917-1991》。北京市：新華出版社。
肖振華、呂彬、李曉松，2014。《軍民融合式武器裝備科研生產體系構建與優化》。北京市：國防工業出版社。
阮汝祥，2009。《中國特色軍民融合理論與實踐》。北京市：中國宇航出版社。
周子學編，2015。《2015年中國電子信息產業發展藍皮書》。北京市：電子工業出版社。
周立存，2014。《強軍興軍的科學指南：黨在新形勢下的強軍目標重大戰略思想研究》。北京市：國防大學出版社。
周碧松，2012。《中國特色武器裝備建設道路研究》。北京市：國防大學出版社。
孟昭勳編，2004。《絲路商魂：新西歐大陸橋再創輝煌》。西安：陝西人民出版社。
拓正陽，2014。《超限帝國：美國實力揭秘》。北京市：新華出版社。
林暉，2008。《21世紀初的中國國防經濟政策：論新時期中國經濟建設與國防建設的協調發展》。北京市：中國計畫出版社。
果增明編，2006。《中國國家安全經濟導論》。北京市：中國統計出版社。

侯光明編，2009。《國防科技工業軍民融合發展研究》。北京市：科學出版社。
南京航空航天大學科技部編，2006。《南京航空航天大學論文集2005年第29冊人類與社會科學學院第2分冊》。南京：南京航空航天大學科技部。
姚有志編，1992。《當代軍隊政治工作學論綱》。北京市：軍事譯文出版社。
姜紹華，1999。《轉型期中國經濟發展若干問題研究》。銀川：寧夏人民出版社。
姜魯鳴、劉晉豫，2009。《經濟建設與國防建設協調發展的制度保障》。北京市：中國財政經濟出版社。
段婕，2011。《中國西部國防科技工業發展研究》。北京市：經濟管理出版社。
唐龍，2012。《體制創新與發展方式轉變》。北京市：中國社會科學出版社。
埃森哲中國編，2016。《尋路產業轉型，激活供給側》。上海市：上海交通大學出版社。
夏軍，2015。《人在路上》。廣州：花城出版社。
孫來斌，2015。《中國夢之中國復興》。湖北：武漢大學出版社。
宮力、王紅續編，2014。《新時期中國外交戰略》。北京市：中共中央黨校出版社。
時剛，2014。《強軍夢的進軍號角：加快推進國防和軍隊現代化》。上海市：上海人民出版社。
秦紅燕、胡亮，2015。《中國國防經濟可持續發展研究》。北京市：國防工業出版社。
荊浩，2016。《基於商業模式創新的戰略性新興產業發展研究》。瀋陽：東北大學出版社。
郝玉慶、蔡仁照編，2007。《軍隊建設學》。北京市：國防大學出版社。
馬傑、郭朝蕾，2010。《國防工業管理與運行國際比較研究》。江蘇：南京大學出版社。
國務院法制辦公室編，2014。《中華人民共和國產品質量法典》。北京市：中國法制出版社。
國務院法制辦公室編，2014。《法律法規全書》。北京市：中國法制出版社。
張玉峰，1999。《大學生學習鄧小平理論論文集》。上海市：華東理工大學出版社。
張弛主編，2007。《國防科技工業概論》。西安：西北大學出版社。
張遠軍，2015。《國防工業科技資源配置及優化》。北京市：國防工業出版社。
張耀光，2015。《中國海洋經濟地理學》。江蘇：東南大學出版社。
曹世新，1994。《中國軍轉民》。北京市：中國經濟出版社。
曹立，2014。《路徑與機制：轉變發展方式研究》。北京市：新華出版社。
畢京京、張彬編，2015。《中國特色社會主義發展戰略研究》。北京市：國防大學出版社。
郭化若，1993。《中國人民解放軍軍史大辭典》。長春：吉林人民出版社。
陳夕編，2014。《中國共產黨與西部大開發》。北京市：中共黨史出版社。
陳夕編，2014。《中國共產黨與三線建設》。北京市：中共黨史出版社。
陳東林，2003。《三線建設：備戰時期的西部開發》。北京市：中共中央黨校出版社。
陳愛雪，2015。《我國戰略性新興產業發展研究》。呼和浩特：內蒙古大學出版社。
陳曉和，2012。《中外國防經濟安全比較研究》。北京市：中央編譯出版社。
陶文釗，2016。《中美關係史修訂本第2卷1949-1972》。上海市：上海人民出版社。
鹿錦秋編，2013。《大聚焦：十八大後中國未來發展若幹重要問題解析》。北京市：研究出版社。
傅頤編，2014。《中國記憶：1949-2014紀事》。深圳：深圳報業集團出版社。
彭光謙、姚有志，2005。《戰略學》。北京市：軍事科學出版社。
焦光輝，2014。《探索：經濟體制的演變與博弈》。西安：陝西人民出版社。
舒本耀編，2015。《民企參軍，促進與探索：武器裝備建設軍民融合式發展研究報告2015》。北京市：國防工業出版社。
賀志東編，2005。《中國稅收制度》。北京市：清華大學出版社。
馮紹雷、相藍欣，2005。《俄羅斯經濟轉型》。上海市：上海人民出版社。
黃朝峰，2014。《戰略性新興產業軍民融合式發展研究》。北京市：國防工業出版社。
新華通訊社，2001。《中華人民共和國年鑑2001》。北京市：中華人民共和國年鑑社。
楊永良編，1988。《中國軍事經濟學概論》。北京市：中國經濟出版社。
楊梅枝編，2012。《中國特色軍民融合式發展研究》。西安：西北工業大學出版社。
楊越，2011。《走進軍工：國防科技工業題材新聞作品選》。北京市：人民日報出版社。
當代中國研究所，2012。《中華人民共和國史稿第3卷1966-1976》。北京市：當代中國出版社。
當代中國研究所編，2007。《毛澤東與中國社會主義建設規律的探索：第六屆國史學術年會論文集》。北京市：當代中國出版社。
董曉輝，2014。《軍民兩用技術產業集群協同創新》。北京市：國防工業出版社。
寧凌，2015。《中國海洋戰略性新興產業選擇、培育的理論與實證研究》。北京市：中國經濟出版社。
趙超陽、魏俊峰、韓力，2014。《武器裝備多維透視》。北京市：國防工業出版社。
趙寧，2015。《中國經濟增長質量提升的制度創新研究》。武漢：湖北人民出版社。
趙磊編，2016。《「一帶一路」年度報告：從願景到行動2016》。北京市：商務印書館。
劉忠和編，2013。《黨中央在十六大以來創新理論科學體系研究》。北京市：光明日報出版社。
劉金田，2015。《細說檔案鄧小平》。南京：江蘇人民出版社。
劉茂傑編，2014。《強軍夢》。北京市：軍事科學出版社。
劉海藩編，2005。《歷史的豐碑：中華人民共和國國史全鑑7（軍事卷）》。北京市：中共中央文獻出版社。
劉國新、劉曉編，1994。《中華人民共和國歷史長編第三卷》。南寧：廣西人民出版社。
劉鳳全、白煜章，1999。《市場經濟簡明辭典》。北京市：經濟管理出版社。
劉繼賢，2009。《軍事科學創新與發展》。北京市：國防大學出版社。
歐建平，2015。《精銳之師—構建現代軍事力量體系》。北京市：長征出版社。
潘寶卿編，2001。《新實踐、新發展：以江澤民爲核心的第三代黨中央對鄧小平理論的堅持和發展》。南寧：廣西人民出版社。
蔡勝華、張眞編，2016。《優錄取：全面解析高校專業科學塡報高考志願》。北京市：中國林業出版社。
鄧小平，1993。《鄧小平文選第3卷》。北京市：人民出版社。
鄧光榮、王文榮，1993。《毛澤東軍事思想辭典》。北京市：國防大學出版社。
盧存岳、丁冬紅編，1994。《解放思想敢闖敢試》。太原：山西人民出版社。
閻永春，2014。《由陸制權：處於十字路口的陸軍及其戰略理論》。北京市：解放軍出版社。
總政治部宣傳部編，2008。《軍營理論熱點怎麼看2008》。北京市：解放軍出版社。
謝文秀編，2015。《裝備競爭性採購》。北京市：國防工業出版社。
謝光編，1995。《當代中國的國防科技事業》。北京市：當代中國出版社。
謝富紀編，2006。《技術轉移與技術交易》。北京市：清華大學出版社。
韓明暖、劉傳波編，2016。《形勢與政策》。濟南：山東人民出版社。
歸永嘉、李韶華、雷杰佳，2015。《劍橋學子航空人：中國工程院院士張彥仲》。北京市：航空工業出版社。

瞿海源、畢恆達、劉長萱編，2013。《社會及行爲科學研究法2：質性研究法》。北京市：社會科學文獻出版社。
魏禮群編，2001。《中國高新技術產業年鑑2001》。北京市：中國言實出版社。
懷國模編，2006。《中國軍轉民實錄》。北京市：國防工業出版社。
譚合成、江山編，1995。《世紀檔案：影響20世紀中國歷史進程的100篇文章》。北京市：中國檔案出版社。
龐天儀，1986。《光輝的歷程—紀念人民兵工創建五十五周年》。北京市：兵器工業部。
鐘聲編，2011。《戰略調整：三線建設決策與設計施工》。長春：吉林出版集團有限責任公司。
蘭義彤，2013。《追逐中國夢》。貴陽：貴州人民出版社。
欒恩杰，2015。《航天領域培育與發展研究報告》。北京市：科學出版社。

二、期刊

2015。〈國防科技工業發展戰略委員會成立〉，《軍民兩用技術與產品》，(15): 4-5。
2016。〈習近平參觀第二屆軍民融合發展高技術成果展強調加快形成軍民深度融合發展格局〉，《中國科技產業》，(11): 8。
2017。〈《「十三五」科技軍民融合發展專項規劃》出台對科技軍民融合發展進行了頂層設計和戰略佈局〉，《中國軍轉民》，(8): 13。
2017。〈中共中央政治局召開會議決定，設立中央軍民融合發展委員會〉，《中國軍轉民》，(2): 4。
2017。〈習近平：加快形成軍民融合深度發展格局〉，《中國經濟週刊》，(25): 8。
2017。〈戰略性新興產業〉，《今日中國（英文版）》，66 (4): 39。
于川信，2016。〈論軍民融合發展戰略的四個關節點〉，《中國軍事科學》，(6): 109-113。
于新東、牛少鳳、于洋，2011。〈我國戰略性新興產業的突出矛盾及相關對策〉，《紅旗文稿》，(19): 19-21。
中華人民共和國國務院，2010。〈國務院關於加快培育和發展戰略性新興產業的決定〉，《中國科技產業》，(10): 16。
元彥梅、劉晉豫、佘江華，2017。〈「兩側同步發力」促進軍民融合深度發展〉，《軍事經濟研究》，(4): 9-11。
王建，2015。〈全軍武器裝備採購信息網開通運行，設有裝備採購需求及服務指南等欄目〉，《中國設備工程》，(1): 1。

王建青，2017。〈軍民融合產業集群發展路徑研究〉，《中國國情國力》，(2): 67-69。
王紅麗、馮靜，2014。〈航天戰略性新興產業發展問題探究：以河北省廊坊市為例〉，《人民論壇（中旬刊）》，(32): 215-217。
王酈久，2013。〈俄羅斯軍工綜合體改革及前景〉，《國際研究參考》，(10): 20-25。
左鑫，2017。〈用法治守住國防科技自主創新的戰略要地〉，《法制博覽》，(26): 129。
白千文，2011。〈戰略性新興產業研究述析〉，《現代經濟探討》，(11): 37-41。
向嘉貴，1987。〈略論大三線的調整〉，《開發研究》，(1): 22。
朱生嶺，2015。〈深入貫徹「四個全面」戰略佈局強力推動軍民融合深度發展〉，《軍隊政工理論研究》，16 (3): 5-7。
余瑾，2017。〈加強裝備通用質量特性管理探析〉，《標準科學》，(8): 89-91。
吳濤、張祥、徐紅，2017。〈國防科技協同創新研究〉，《中國軍轉民》，(5): 57-59。
宋兆傑、曾曉娟，2016。〈俄羅斯軍工綜合體：科技創新的重要平臺〉，《科學與管理》，(2): 20。
李偉、趙海潮，2006。〈透視俄羅斯國防工業特點及其發展趨勢〉，《國防技術基礎》，(12): 31-34。
李煜華、武曉鋒、胡瑤瑛，2013。〈基於演化博弈的戰略性新興產業集群協同創新策略研究〉，《科技進步與對策》，(2): 70-73。
杜穎、章凱業，2015。〈俄羅斯國防工業軍轉民介評及啓示〉，《科技與法律》，(5): 1038-1055。
武坤琳、龐娟、朱愛平，2016。〈俄羅斯國防工業改革與發展進程〉，《飛航導彈》，(12): 28-30。
南京市科協調研課題組，2010。〈科協服務人才工作的現狀與對策〉，《科協論壇》，25 (2): 37。
姜魯鳴，2017。〈推進軍民深度融合發展的科學指南〉，《求是》，(12): 11-13。
紀建強、黃朝峰，2014。〈戰略性新興產業選擇：從政策解讀到理論評判〉，《當代經濟管理》，(5): 63-67。
胡宇萱、李林、曾立，2017。〈軍民融合與技術創新〉，《國防科技》，(2): 4-8。
苗宏、周華，2010。〈美俄日國防科技工業管理體制及特點〉，《國防技術基礎》，(1): 3-7。
徐子躍，2014。〈新形勢下推動空軍軍民融合深度發展的思考〉，《國防》，(1):

23-25。

張珩，2017。〈高校科研促進軍民融合發展的契機與路徑〉，《中國科技縱橫》，(11): 207-208。

曹吳戈、葉皓龍，2017。〈民船參軍—中國版遠征船塢登陸艦浮出水面〉，《廣東交通》，(2): 16-18。

梁海冰，2008。〈中國特色國防研究30年：國防科技工業篇〉，《軍事歷史研究》，(3): 10-18。

許屹、姚娟、蒲洪波，2004。〈建設堅實的國家國防科技基礎條件平臺戰略研究〉，《軍民兩用技術與產品》，(2): 3-5。

郭春俠、葉繼元、朱戈，2017。〈我國戰略性新興產業科技報告資源研究成果開發利用研究〉，《圖書與情報》，(1): 59-67。

陶春、郭百森，2016。〈軍民融合提升區域創新能力的對策研究〉，《軍民兩用技術與產品》，(17): 54-56。

喬玉婷、鮑慶龍、李志遠，2016。〈新常態下軍民融合協同創新與戰略性新興產業成長研究—以湖南省爲例〉，《科技進步與對策》，(9): 103-107。

湯文仙、姬鵬宏、郭豔紅、馬智偉，2012。〈軍民結合產業基地的內涵、現狀及對策研究〉，《軍民結合研究》，(3): 31-41。

黃朝峰，2015。〈軍民融合發展戰略的重大意義、內涵與推進〉，《國防科技》，(5): 19-23。

楊震、石家鑄、王萍，2014。〈海權視閾下中國的海洋強國戰略與海軍建設〉，《長江論壇》，(2): 72-76。

董曉輝、曾立、黃朝峰，2012。〈軍民融合產業集群發展的現狀及對策研究—以湖南省爲例〉，《科技進步與對策》，29 (1): 59-63。

熊剛強，2014。〈裝備通用質量特性的學習與對策探討〉，《化工管理》，(10): 74-77。

劉世慶、邵平楨、許英明、周劍風，2010。〈國防科技工業：自主創新的重要引擎〉，《中國西部》，(21): 66-71。

劉可夫，1988。〈歐、美、蘇軍工管理模式簡介〉，《外國經濟與管理》，(12): 38-39。

劉倩，2014。〈首屆民營企業高科技成果展覽暨軍民融合高層論壇在京舉行〉，《中國雙擁》，(6): 27。

劉恩東，2006。〈軍事工業利益集團影響美國的外交決策〉，《當代世界》，(7): 18-19。

劉康，2015。〈我國海洋戰略性新興產業問題與發展路徑設計〉，《海洋開發與管理》，(5): 73-79。

劉劍英、馮現永、景希朝，2012。〈河北省國防科技工業保密工作的形勢與對策〉，《國防科技工業》，(12): 31-33。
潘悅、周振、張于喆，2017。〈軍民融合視角下我國軍工行業發展態勢及對策建議〉，《經濟縱橫》，(3): 74-82。
鄭傑光，2011。〈俄羅斯軍工改革及啓示〉，《國防科技工業》，(10): 80-82。
錢春麗、侯光明，2008。〈我國裝備採辦組織管理體制現狀及改革思路〉，《軍事經濟研究》，29 (3): 58-59。
魏雯，2009。〈俄羅斯國防工業的轉型與調整〉，《航天工業管理》，(5): 38-43。
羅仲偉、李守武，2003。〈美俄軍事工業體制與戰略比較（上）〉，《科學決策》，(11): 21-25。

三、報紙

人民日報，2015。〈中共中央政治局召開會議審議通過《國家安全戰略綱要》〉，1月24日，版1。
人民日報，2016。〈中央軍委頒發《軍隊建設發展「十三五」規劃綱要》〉，2016年5月13日，版1。
大公報，2017。〈中國創新發展見成效〉，9月15日，版B03。
中國航空報，2016。〈《「十三五」國家戰略性新興產業發展規劃》出台，明確航空產業四大發展目標〉，12月22日，版A01。
尹航、邵龍飛，解放軍報，2018。〈第八屆北京香山論壇開幕〉，10月26日，版2。
方向明，學習時報，2005。〈促進航太科技工業與國民經濟協調發展〉，10月21日，版6。
王英、張廣輝，中國國防報，2016。〈河北省打造軍民融合暨國防工業協同創新平臺〉，11月3日，版1。
王義桅，人民日報海外版，2016。〈創新中國的三重使命〉，5月31日，版1。
王薇薇，經濟日報，2012。〈戰略性新興產業應防重複建設〉，4月11日，版5。
申永軍、武天敏，解放軍報，2006。〈我軍軍事綜合信息網建成開通〉，8月25日，版1。
何國勁，南方都市報，2017。〈佛山民企如何參軍〉，12月1日，版FB03。
李游華，解放軍報，2017。〈緊盯明天的戰場推進陸軍建設〉，11月23日，版7。
汪莉絹，聯合報，2016。〈香山論壇開幕，常萬全：對話不對抗〉，10月12日，版A9。
科技日報，2011。〈國防科大與地方共建國家級創新平臺〉，12月6日，版3。

孫鄄、高潔，解放軍報，2017。〈無錫聯勤保障中心緊盯戰場制訂新年度練兵備戰路線圖〉，2月20日，版1。
馬利，河北日報，2017。〈我省7所高校將建國防特色科技創新平臺〉，7月17日，版2。
屠晨昕，新華澳報，2016。〈全球首創中國「戰略支援部隊」誕生背後〉，3月15日，版03。
張文昌，中國青年報，2017。〈中國無人機讓世界見識「中國造」〉，11月23日，版3。
張嘉國，解放軍報，2017。〈從七個判斷看國防軍工融合重任〉，4月1日，版05。
黃明村，解放軍報，2014。〈聚焦強軍目標提升核心軍事能力〉，1月22日，版7。
解正軒，解放軍報，2015。〈深入實施軍民融合發展戰略，努力實現富國和強軍相統一〉，5月7日，版1。
解放軍報，2013。〈天河二號超算速度全球領跑〉，6月18日，版1。
解放軍報，2015。〈把學習貫徹習主席系列重要講話精神引向深入〉，8月12日，版5。
解放軍報，2016。〈中共中央國務院中央軍委印發《關於經濟建設和國防建設融合發展的意見》〉，7月22日，版1。
解放軍報，2017。〈中央軍民融合發展委員會辦公室下發通知，規範以「軍民融合」名義開展有關活動〉，10月12日，版1。
解放軍報，2017。〈必須深入推進軍民融合發展〉，8月7日，版2。
解放軍報，2017。〈把軍民融合搞得更好一些更快一些〉，6月21日，版1。
解放軍報，2017。〈促進轉化應用，適應多維戰場需求〉，11月1日，版10。
僑報，2014。〈加快建設空天一體、攻防兼備的強大空軍〉，4月23日，版B01。
熊剛、高潔、郭彬，中國青年報，2017。〈揭秘新成立的中央軍委聯勤保障部隊〉，1月19日，版11。
熊麗，經濟日報，2017。〈區域協同聯動效應初顯〉，9月2日，版3。
福建日報，2015。〈中國積極防禦軍事戰略方針歷經多次調整〉，5月27日，版7。
劉凝哲，文匯報，2012。〈中國2020年建成機械化信息化軍隊〉，11月9日，版A05。
蔡金曼、鄒維榮，解放軍報，2018。〈二〇一八年版武器裝備科研生產許可目錄發布〉，12月28日，版1。
羅永光，解放軍報，2017。〈堅持軍民融合深度發展國家戰略〉，4月12日，版

7。
羅兵，中國質量報，2011。〈我國戰略性新興產業需科學規劃有序部署〉，3月17日，版6。

四、網際網路

〈1998年4月3日人民解放軍組建總裝備部〉。《中國共產黨新聞》。http://cpc.people.com.cn/BIG5/64162/64165/78561/79696/5521332.html（瀏覽日期：2016年9月8日）。
〈2017全國電子戰學術交流大會在合肥召開〉。《中國電子報》。2017年11月29日。http://cyyw.cena.com.cn/2017-11/29/content_374983.htm（瀏覽日期：2017年11月14日）。
〈已具備全產業鏈，解放軍這一能力僅此美俄〉。《多維新聞》。2017年11月24日。http://news.dwnews.com/china/news/2017-11-24/60025720.html（瀏覽日期：2017年12月2日）。
〈中共中央、國務院、中央軍委印發「關於經濟建設和國防建設融合發展的意見」〉。《新華網》。2016年7月21日。http://news.xinhuanet.com/politics/2016-07/21/c_1119259282.htm（瀏覽日期：2017年11月17日）。
〈中共中央、國務院印發《國家創新驅動發展戰略綱要》〉。2016年5月19日。http://news.xinhuanet.com/politics/2016-05/19/c_1118898033.htm（瀏覽日期：2017年8月15日）。
〈中共中央關於全面推進依法治國若干重大問題的決定〉。《新華網》。2014年10月28日。http://news.xinhuanet.com/politics/2014-10/28/c_1113015330.htm（瀏覽日期：2017年11月24日）。
〈中共中央關於全面深化改革若干重大問題的決定〉。《新華網》。2013年11月15日。http://news.xinhuanet.com/politics/2013-11/15/c_118164235.htm（瀏覽日期：2017年11月24日）。
〈中國武裝力量的多樣化運用〉。《中國政府網》。2013年4月16日。http://www.gov.cn/zhengce/2013-04/16/content_2618550.htm（瀏覽日期：2017年11月17日）。
〈中國的軍事戰略〉。《中華人民共和國國務院新聞辦公室》。2015年5月26日。http://www.scio.gov.cn/zfbps/ndhf/2015/Document/1435161/1435161.htm（瀏覽日期：2017年4月28日）。
〈中華人民共和國國防法〉。《中華人民共和國國防部》。1997年3月14日。http://www.mod.gov.cn/regulatory/2016-02/19/content_4618038.htm（瀏覽日期：2017年11月24日）。

〈加快建設中國特色先進國防科技工業體系〉。《中國國家國防科技工業局》。2015年1月5日。http://www.sastind.gov.cn/n112/n117/c463724/content.html（瀏覽日期：2017年11月17日）。

〈全面深化改革，構建中國特色先進國防科工體系〉。《中國政府網》。2014年5月30日。http://big5.gov.cn/gate/big5/www.gov.cn/xinwen/2014-05/30/content_2690777.htm（瀏覽日期：2015年1月2日）。

〈兩會受權發布：政府工作報告〉。《新華網》。2017年3月16日。http://news.xinhuanet.com/politics/2017lh/2017-03/16/c_1120638890_2.htm（瀏覽日期：2017年5月1日）。

〈胡錦濤在中國共產黨第十八次全國代表大會上的報告〉。《新華網》。2012年11月17日。http://news.xinhuanet.com/18cpcnc/2012-11/17/c_113711665.htm（瀏覽日期：2017年11月24日）。

〈國務院辦公廳關於推動國防科技工業軍民融合深度發展的意見〉。《新華網》。2017年12月4日。http://news.xinhuanet.com/politics/2017-12/04/c_1122056308.htm（瀏覽日期：2017年12月10日）。

〈國發〔2010〕32號：國務院關於加快培育和發展戰略性新興產業的決定〉。《中國政府網》。2010年10月18日。http://www.gov.cn/zwgk/2010-10/18/content_1724848.htm（瀏覽日期：2017年8月15日）。

〈國發〔2016〕43號：「十三五」國家科技創新規劃〉。《中國政府網》。2016年7月28日。http://big5.gov.cn/gate/big5/www.gov.cn/gongbao/content/2016/content_5103134.htm（瀏覽日期：2017年8月15日）。

〈習近平：加快形成全要素多領域高效益的軍民融合深度發展格局〉。《新華網》。2017年6月21日。http://big5.xinhuanet.com/gate/big5/news.xinhuanet.com/mrdx/2017-06/21/c_136382224.htm（瀏覽日期：2017年11月24日）。

〈習近平：堅持總體國家安全觀，走中國特色國家安全道路〉。《新華網》。2014年4月15日。http://news.xinhuanet.com/politics/2014-04/15/c_1110253910.htm（瀏覽日期：2017年11月17日）。

〈習近平：積極樹立亞洲安全觀，共創安全合作新局面〉。《新華網》。2014年5月21日。http://news.xinhuanet.com/world/2014-05/21/c_126528981.htm（瀏覽日期：2017年11月17日）。

〈習近平的國家安全觀：既重視發展又重視安全〉。《中國共產黨新聞網》。2017年2月21日。http://cpc.people.com.cn/xuexi/BIG5/n1/2017/0221/c385474-29096939.html（瀏覽日期：2017年11月14日）。

山東大學。〈關於安裝國防科技工業安全保密「六條規定」屏保的通知〉。《山東大學國防科學技術研究院》。http://www.gfy.sdu.edu.cn/articleshow.php?id=173

（瀏覽日期：2017年8月15日）。
月絲。〈武直10存致命缺陷，或換裝新型發動機〉。《多維新聞》。2016年4月4日。http://military.dwnews.com/news/2016-04-04/59729811.html（瀏覽日期：2017年8月15日）。
李志萍、韋取名。〈鄧小平軍事戰略思想及戰略決策〉。《人民網》。2014年7月23日。http://cpc.people.com.cn/BIG5/n/2014/0723/c69113-25326384.html（瀏覽日期：2017年11月17日）。
李國利、宗兆盾。〈戰略支援部隊與地方9個單位合作培養新型作戰力量高端人才〉。《中華人民共和國國防部》。2017年7月12日。http://www.mod.gov.cn/power/2017-07/12/content_4785370.htm（瀏覽日期：2017年8月15日）。
周煜婧、蘇睿。〈揭秘美國頂尖武器研發團隊：正研發第六代戰機〉。《人民網》。2013年9月15日。http://big5.chinanews.com:89/gate/big5/www.gd.chinanews.com/2013/2013-09-15/2/271896.shtml（瀏覽日期：2017年9月15日）。
習近平。〈決勝全面建成小康社會，奪取新時代中國特色社會主義偉大勝利〉。《新華網》。2017年10月27日。http://news.xinhuanet.com/politics/19cpcnc/2017-10/27/c_1121867529.htm（瀏覽日期：2017年11月24日）。
華曄迪。〈千餘項軍民融合技術成果亮相北京，已成規模投入民用〉。《中國軍網》。2016年6月15日。http://www.81.cn/gnxw/2016-06/15/content_7102809.htm（瀏覽日期：2017年8月15日）。
歐陽春香。〈聚焦「強軍夢」，軍工成今年國企改革重點〉。《新華網》。2015年2月27日。http://big5.news.cn/gate/big5/www.cs.com.cn/gppd/zzyj2014/201502/t20150227_4652285.html（瀏覽日期：2017年11月17日）。
閻嘉琪、何天天。〈日本六代機「心神」理念超前，可能裝備激光武器〉。《人民網》。2014年7月15日。http://military.people.com.cn/BIG5/n/2014/0715/c1011-25283757.html（瀏覽日期：2017年9月15日）。

貳、英文部分

Books

Blakeley, Katherine. 2016. *Analysis of the FY 2017 Defense Budget and Trends in Defense Spending*. Washington D.C.: The Center for Strategic and Budgetary Assessments.

Chambers, John Whiteclay, Fred Andersonpp. 1999. *The Oxford Companion to American Military History*. New York: Oxford University Press.

Cheung, Tai Ming edited. 2014. *Forging China's Military Might: A New Framework for Assessing Innovation*. Baltimore: Johns Hopkins University Press.

Cheung, Tai Ming. 2013. *China's Emergence as a Defense Technological Power*. London: Routledge.

Committee on Facilitating Interdisciplinary Research. 2005. *National Academy of Sciences, National Academy of Engineering, Facilitating Interdisciplinary Research*. Washington, D.C.: The National Academies Press.

Demarest, Heidi Brockmann. 2017. *US Defense Budget Outcomes: Volatility and Predictability in Army Weapons Funding*. New York, N.Y.: Palgrave Macmillan.

Gerschenkron, Alexander. 1962. *Economic Backwardness in Historical Perspective: a Book of Essays*. Cambridge: Belknap Press of Harvard University Press.

Gore, Al. 2013. *The Future: Six Drivers of Global Change*. New York: Random House.

House of Representatives. 2017. *National Defense Authorization Act for Fiscal Year 2018 Conference Report*. U.S. Government Publishing Office.

North, Douglass C. 2005. *Understanding the Process of Economic Change*. Princeton, N.J.: Princeton University Press.

Oxenstierna, Susanne., Bengt-Göran Bergstrand. 2012. "Defence Economics." in Carolina Vendil Pallin (ed.). *Russian Military Capability in a Ten-Year Perspective-2011*. Stockholm: Swedish Defense Research Agency.

Paone, Rocco M. 2001. *Evolving New World Order/disorder: China-Russia-United States-NATO*. New York: University Press of America.

Pierson, Paul. 2004. *Politics in Time: History, Institutions, and Social Analysis*. Princeton, N.J.: Princeton University Press.

Rosefielde, Steven. 2005. *Russia in the 21st Century: the Prodigal Superpower*. Cambridge: Cambridge University Press.

Russett, Bruce M., Harvey Starr. 1989. *World Politics: The Menu for Choice*. New York: W.H. Freeman.

U.S. Department of Defense annual report to Congress. 2007. *Military Power of the People's Republic of China 2007*. Washington, D.C.: U.S. Department of Defense.

U.S. Foreign Broadcast Information Service. 1991. *Daily Report: People's Republic of China, Issues 238-244*. Springfield, VA.: National Technical Information Service.

Vehmeier, Dawn., Michael Caccuitto, Gary Powell. 2003. *Transforming the Defense Industrial Base: A Roadmap*. Washington, D.C.: Office of the Deputy Undersecretary of Defense.

Journals

Costello, John. 2016. "The Strategic Support Force: Update and Overview." *China Brief*. 16 (19): 6-14.

Fallows, James. 2002. "The Military-Industrial Complex." *Foreign Policy*. (133): 46-48.

Kokhno, P. A. 2010. "Defense-Industry Enterprises in the Competitive Intelligence-Competitive Production System." *Military Thought*. 19 (4): 84-104.

North, Douglass C. 1991. "Institutions." *The Journal of Economic Perspectives*. 5 (1): 97-112.

Websites

"China's Rise as Arms Supplier Is Put on Display." *New York Times*. November 16, 2014, http://cn.nytimes.com/china/20141116/c16airshow/dual/ (Accessed 2015/6/25).

"Fiscal Year 2017 Defense Bill to Head to House Floor." *The U.S. House Representatives Committee on Appropriations*. March 2, 2017, https://appropriations.house.gov/news/documentsingle.aspx?DocumentID=394777 (Accessed 2017/6/5).

"Increase in Arms Transfers Driven by Demand in the Middle East and Asia, says SIPRI." *SIPRI*. February 20, 2017, https://www.sipri.org/media/press-release/2017/increase-arms-transfers-driven-demand-middle-east-and-asia-says-sipri (Accessed 2017/11/17).

"India and China: Building International Stability: Lt Gen Zhang Qinshen." *IISS*. June 2, 2007, https://www.iiss.org/en/events/shangri-la-dialogue/archive/shangri-la-diaogue-2007-d1ee/second-plenary-session-edfb/lt-gen-zhang-qinshen-e442 (Accessed 2016/10/15).

"Joint Battlespace Management Command & Control: An Industry Perspective." *Defense Technical Information Center*. July 8, 2004, http://www.dtic.mil/ndia/2004/precision_strike/TheWorkingCopyPSABrf.pdf (Accessed 2017/6/25).

"Russia to Invest $100 bln in Defense Industry Until 2020." *Sputnik*. March 21, 2011, https://sputniknews.com/military/20110321163131244/ (Accessed 2017/6/5).

Chuanren, Chen, Chris Pocock. "Saudi Arabia Buying and Building Chinese Armed Drones." *AINonline*. April 12, 2017, https://www.ainonline.com/aviation-news/defense/2017-04-12/saudi-arabia-buying-and-building-chinese-armed-drones (Accessed 2017/11/17).

Feng, Bree. "A Step Forward for Beidou, China's Satellite Navigation System." *New York Times*. December 5, 2014, http://cn.nytimes.com/china/20141205/c05beidou/dual/ (Accessed 2015/6/25).

Frankenstein, John. "Globalization of Defense Industries: China." *The Atlantic Council*. February, 2003, http://mercury.ethz.ch/serviceengine/Files/ISN/46286/ipublicationdocument_singledocument/d2b25d97-a82b-4661-8e77-aa0e77e91686/en/2003_02_Globalization_of_Defense_Industries_China.pdf (Accessed 2015/6/25).

Fursov, Ivan. "Chinese 'Mighty Dragon' doomed to breathe Russian fire." *RT*. March 11, 2012, https://www.rt.com/news/fifth-generation-j-20-russian-engine-261/ (Accessed 2016/10/15).

Hartung, William D., Michelle Ciarrocca. "The Ties that Bind: Arms Industry Influence in the Bush Administration and Beyond." *World Policy Institute*. October 2004, http://www.worldpolicy.org/projects/arms/reports/TiesThatBind.html (Accessed 2017/6/25).

Kania, Elsa. "China's Strategic Support Force: A Force for Innovation?." *The Diplomat*. February 18, 2017, http://thediplomat.com/2017/02/chinas-strategic-support-force-a-force-for-innovation/ (Accessed 2017/8/15).

Lai, K. K. Rebecca, Troy Griggs, Max Fisher and Audrey Carlsen. "Is America's Military Big Enough?." *New York Times*. March 22, 2017, https://www.nytimes.com/interactive/2017/03/22/us/is-americas-military-big-enough.html (Accessed 2017/6/25).

Medeiros, Evan S., Roger Cliff, Keith Crane, and James C. Mulvenon. 2005. *A New Direction for China's Defense Industry. Santa Monica*. CA: RAND. http://www.rand.org/content/dam/rand/pubs/monographs/2005/RAND_MG334.pdf (Accessed 2015/6/24).

Nye, Joseph. "The Kindleberger Trap." *China-US Focus*. March 1, 2017, http://www.chinausfocus.com/foreign-policy/the-kindleberger-trap (Accessed 2017/11/17).

Oster, Shai. "China's New Export: Military in a Box." *Bloomberg Businessweek*. September 25, 2014, http://www.businessweek.com/articles/2014-09-25/chinas-norinco-is-defense-giant-on-global-growth-path (Accessed 2015/6/25).

Petras, James. "The Soaring Profits of the Military-Industrial Complex, The Soaring Costs of Military Casualties." *Global Research*. June 24, 2014, http://www.globalresearch.ca/the-soaring-profits-of-the-military-industrial-complex-the-soaring-costs-of-military-casualties/5388393 (Accessed 2017/6/25).

Ramzy, Austin. "China Becomes World's Third-Largest Arms Exporter." *New York Times*. March 16, 2015, http://sinosphere.blogs.nytimes.com/2015/03/16/china-becomes-worlds-third-largest-arms-exporter/?_r=0 (Accessed 2015/6/25).

Shetti, Girish. "A Chinese Military Drone Factory will Soon Come up in Saudi Arabia: Report." *China Topix*. March 27, 2017, http://www.chinatopix.com/articles/112824/20170327/chinese-military-drone-factory-will-soon-come-up-saudi-arabia.htm (Accessed 2017/11/17).

The White House. *National Security Strategy of the United States of America*. December 18, 2017, https://www.whitehouse.gov/wp-content/uploads/2017/12/NSS-Final-12-18-2017-0905.pdf (Accessed 2017/12/20).

U.S. Department of Defense. "Defense Standardization Program (DSP)." *Executive Services Directorate*. July 13, 2011, http://www.esd.whs.mil/Portals/54/Documents/DD/issuances/dodi/412024p.pdf (Accessed 2017/10/12).

Wezeman, Pieter D., Aude Fleurant, Alexandra Kuimova, Nan Tian and Siemon T. Wezeman. "Trends in International Arms Transfers, 2018." *SIPRI Fact Sheet*. March 2019, https://www.sipri.org/publications/2019/sipri-fact-sheets/trends-international-arms-transfers-2018 (Accessed 2019/3/18).

國家圖書館出版品預行編目資料

中國大陸國防科技工業的蛻變與發展／董慧明著. -- 二版. -- 臺北市 : 五南, 2019.04
面； 公分.

ISBN 978-957-763-334-7（平裝）

1.國防工業 2.軍事技術 3.中國

595 108003413

4P07

中國大陸國防科技工業的蛻變與發展

作　　者— 董慧明
發 行 人— 楊榮川
總 經 理— 楊士清
副總編輯— 劉靜芬
責任編輯— 蔡琇雀　呂伊真　李孝怡
封面設計— 王麗娟
出 版 者— 五南圖書出版股份有限公司
地　　址：106台北市大安區和平東路二段339號4樓
電　　話：(02)2705-5066　　傳　　真：(02)2706-6100
網　　址：http://www.wunan.com.tw
電子郵件：wunan@wunan.com.tw
劃撥帳號：01068953
戶　　名：五南圖書出版股份有限公司

法律顧問　林勝安律師事務所　林勝安律師

出版日期　2018年2月初版一刷
　　　　　2019年4月二版一刷

定　　價　新臺幣320元